Robert Lünendonk
Bäche und Mühlen
in Mönchengladbach

KLARTEXT

Beiträge zur Geschichte der Stadt Mönchengladbach

55

Robert Lünendonk

Bäche und Mühlen in Mönchengladbach

jenseits von Gladbach und Niers

herausgegeben von Christian Wolfsberger

Mönchengladbach 2015

Titelbild   Die Gatzweiler Vollmühle am Mühlenbach, um 1920

Die Drucklegung förderte

1. Auflage November 2015
Umschlaggestaltung   Volker Pecher, Essen
Satz und Gestaltung   Heike Amthor | Klartext Verlag, Essen
Druck und Bindung   Multiprint GmbH, Bulgarien
© Klartext Verlag, Essen 2015
ISBN 978-3-8375-1569-5

www.klartext-verlag.de
www.moenchengladbach.de
www.robert-luenendonk.de

Bibliografische Information der Deutschen Bibliothek
Die Deutsche Bibliothek verzeichnet diese Publikation in der Deutschen Nationalbibliografie; detaillierte bibliografische Daten sind im Internet über http://www.dnb.de abrufbar.

Inhalt

Bäche, Sothe und Gräben – jenseits von Gladbach und Niers

Bei den Recherchen zu den Büchern *Auf den Spuren des Gladbachs und seiner Mühlen* und *Die Niers und ihre Mühlen – von der Quelle bis Neuwerk* stieß ich auf Informationen über viele weitere Mönchengladbacher Fließgewässer, die ich zum Teil schon kannte, die mir teilweise aber unbekannt waren. Vom Bottbach und vom Hover Graben zum Beispiel hatte ich als gebürtiger Odenkirchener natürlich schon gehört. Auch der Rheydter Bach, der Alsbach, der Papierbach oder auch der Bungtbach waren mir bekannt. Von einigen anderen Fließgewässern – wie zum Beispiel dem Ahlsbruchbach, dem Dahlener Bach, dem Brandenberger Bach oder dem Rote Bach hatte ich vorher noch nichts gehört.

Da meine Bücher über den Gladbach und die Niers in Mönchengladbach und darüber hinaus großen Anklang fanden, lag es nahe, nun ein Buch über die anderen, meist weniger bekannten Mönchengladbacher Fließgewässer zu schreiben und im Rahmen der Schriftenreihe des Stadtarchivs Mönchengladbach zu veröffentlichen. In Herrn Dr. Wolfsberger, dem Leiter des Stadtarchivs Mönchengladbach, fand ich wieder einen Unterstützer und Förderer meines Vorhabens.

So begann ich, Informationen über alle aktuell noch erhaltenen oder bereits versiegten Mönchengladbacher Bäche, Sothe, Gräben und »Fließe« zu recherchieren, zu sammeln, zu sortieren und zu ergänzen. Nach etwa zwei Jahren Arbeit liegt nun das Ergebnis in Form dieses Buches vor, in dem fast 80 Fließgewässer und acht Mühlen beschrieben werden.

Ich möchte mich bei allen Menschen bedanken, die mich bei dieser Arbeit begleitet und unterstützt haben. Allen voran bei Herrn Dr. Wolfsberger, ohne den dieses Buch nicht möglich gewesen wäre.

Mein besonderer Dank gilt auch den Mitarbeitern des Stadtarchivs, die mir bei meinen Recherchen stets eine große Unterstützung waren.

Des Weiteren danke ich Herrn Zachert vom Fachbereich Geoinformationen und Grundstücksmanagement und seinen Mitarbeitern Herrn Müßeler (Geodatenzentrum) und Herrn Vonderbank (Mediengestaltung), die mich mit aktuellem und historischem Kartenmaterial versorgten.

Frau Weinthal vom Fachbereich Umweltschutz und Entsorgung zeigte mir, wo die Ersatzquellen der Niers zu finden sind.

Das Vermessungs- und Katasteramt des Kreises Heinsberg stellte mir historische Karten der Bürgermeisterei Beek zur Verfügung.

Auf meiner Suche nach Informationen über die Mönchengladbacher Fließgewässer lernte ich noch weitere Menschen kennen, die mich mit ihrem Wissen tatkräftig unterstützten:

Herr Pungs zeigte mir das ehemalige Quellgebiet des Rheydter Bachs und half mir, das Rätsel der »Botzkull« zu entschlüsseln.

Herr Kleinen versorgte mich mit Informationen über den Bottbach und den Hover Graben.

Herr Schneider wusste Interessantes über den Knippertzbach und den Mühlenbach zu berichten.

Herr Zimprich und Herr Scholles machten mich auf die »Suat« aufmerksam. Darüber hinaus lieferte mir Herr Zimprich interessante Informationen zum Alsbach und zum Bungtbach.

Herr Pongs ergänzte das Kapitel über die alten Stadtgräben.

Ein herzlicher Dank für die Unterstützung geht auch an die NEW.

Einen großen Dank richte ich auch an Herrn Dr. Claßen, Frau Amthor und das Team des Klartext Verlages, die das Buch ansprechend gestaltet und professionell produziert haben.

Vielen Dank auch an Frau Arev für die professionelle Unterstützung.

Ein besonderer Dank gilt auch all den Autoren, die schon vor mir Informationen über die Mönchengladbacher Fließgewässer und ihre Mühlen zusammengetragen haben und auf deren Wissen ich zugreifen konnte.

Zu guter Letzt bedanke ich mich herzlich bei meiner Frau Renate, die mich bei der Arbeit an diesem Buch liebevoll unterstützt hat.

Nun wünsche ich allen Lesern viel Vergnügen bei der Lektüre dieses Buches.

Herzlichst
Robert Lünendonk

P.S.: Für Fragen und Anregungen zu diesem Buch und auch zu meinen Büchern *Auf den Spuren des Gladbachs und seiner Mühlen* und *Die Niers und ihre Mühlen – von der Quelle bis Neuwerk* erreichen Sie mich unter info@robert-luenendonk.de und www.robert-luenendonk.de.

Fließgewässer in Mönchengladbach

Durchquert man heute Mönchengladbach und seine Stadtteile, so trifft man nicht mehr auf allzu viele Fließgewässer. Gespeist werden diese meist nicht mehr durch natürliche Quellen. Entweder hängen sie »am Tropf« der Wasserversorgung durch Sümpfungswasser aus dem nahe gelegenen Braunkohletagebau – wie die Niers und der Unterlauf des Mühlenbachs – oder sie werden aus der Regenwasserkanalisation gespeist – wie der Bungtbach und der offene Gladbachkanal – oder sie liegen meist trocken – wie der Oberlauf des Rheydter Bachs, der Labberbach und der Oberlauf des Mühlenbachs. So gesehen haben die meisten den Namen »Fließ«-Gewässer kaum noch verdient.

Abb. 1: Der Mühlenbach bei Ellinghoven, 2015.

Dies war früher anderes. Etwa 80 Fließgewässer sind für Mönchengladbach bekannt. Zum Ende des 19. Jahrhunderts begannen ihre Quellen nach und nach zu versiegen. Dafür waren verschiedene Faktoren ursächlich:

- Das Grundwasser wurde durch eine stetig wachsende Zahl von meist industriell genutzten Brunnen abgepumpt.
- Ungeklärte Abwässer wurden in die Fließgewässer eingeleitet, die darauf hin zu Kloaken verkamen und in die Kanalisation verbannt wurden.
- Die Erdoberflächen wurden zunehmend versiegelt.
- Das Grundwasser wurde – und wird noch heute – wegen des nahe liegenden Braunkohletagebaus abgepumpt.

Zum Aufbau dieses Buches

Rund 80 Mönchengladbacher Fließgewässer werden in diesem Buch in elf Haupt-Kapiteln beschrieben. In jedem Kapitel werden mehrere Fließgewässer – zusammengefasst nach geographischen Begebenheiten – in ihrem ursprünglichen und aktuellen Verlauf beschrieben. Grundlage für die historische Darstellung ist das sogenannte Urkataster aus dem Jahr 1812 – die während der Franzosenzeit entstandene erste detaillierte Karte der Stadt Mönchengladbach.

Die Verläufe der Fließgewässer werden von ihrer Quelle bis zu ihrem Ende – meist eine Mündung in ein anderes Fließgewässer – erläutert. Ebenso wird die Geschichte der Mühlen, die auf Mönchengladbacher Stadtgebiet standen, von ihrer ersten Erwähnung bis zur Einstellung des Betriebes bzw. bis zu ihrem Abriss oder ihrer aktuellen Verwendung dargestellt. Dabei wird auch auf die bekanntesten Pächter eingegangen.

Um die Details auf den historischen Karten besser erkennen zu können, wurden bekannte Verläufe der Fließgewässer teilweise durch durchgezogene blaue Linien und vermutete Verläufe durch gestrichelte blaue Linien hervorgehoben.

Auf den Ausschnitten der aktuellen Stadtkarte wurden heute noch erhaltene Verläufe teilweise durch durchgezogene blaue Linien und ehemalige Verläufe durch gestrichelte blaue Linien hervorgehoben.

Am Ende des Buches finden Sie eine Gewässerübersichtskarte, in die alle aktuellen oder versiegten Fließgewässer und alle Mühlen auf Mönchengladbacher Stadtgebiet eingezeichnet sind.[1]

1 Teilweise wird auch auf Gewässerverläufe und Mühlen auf Korschenbroicher Stadtgebiet eingegangen.

Die Rheydter Bäche und ihre Nebengewässer

Rheydter Bach (Linnapa, »die Beäk«), Kämpges Soth, Gärtensoth, Struckssoth, östliche Soth, Gracht (Greith), Heydener Bach, Schwarzer Graben, Rheydter Grenzbach (Landwehrgraben, Rheydter Grenzgraben)

Der **Rheydter Bach**, der einst ein starker und klarer Bach war,[2] hieß früher Linnapa[3] und wurde im Volksmund oft einfach »die Beäk« genannt.[4] In der Literatur wird der Name Linnapa aus Linn (= Leinen) und apa (aqua, ahva = Wasser) hergeleitet. Linnapa würde also »Leinenbach« oder auch »Flachsbach« bedeuten. Diese Herleitung ist jedoch umstritten.[5]

Der Rheydter Bach durchquerte Rheydt von West nach Ost. Da er sehr langsam und träge floss, sorgte er immer wieder für Überschwemmungen.[6] Sein einst klares Wasser wurde für den Haushalt und für das Vieh, aber auch zum Bleichen von Stoff verwendet.[7] Später verkam der Rheydter Bach durch die Einleitung ungeklärter Abwässer zu einem »Schmutzwasserabfuhrgraben«. So klagten Mitte des 19. Jahrhunderts Anwohner über »schmutziges Wasser mit dem unflath und Koth«[8]. Sämtliche Versuche, die Wasserqualität des Rheydter Bachs zu verbessern, schlugen fehl. So wurde zum Beispiel 1845 festgelegt, dass der Rheydter Bach an der Sohle 4 Fuß[9] und auf Höhe des Ufers mind. 7 Fuß[10] breit sein musste. Zusätzlich wurden die Seitenwände des Bachbetts befestigt.[11] Anfang des Zwanzigsten Jahrhunderts wurde der Rheydter Bach schließlich kanalisiert.

Der Rheydter Bach entsprang westlich des Rheydter Ortsteils Pongs in einem sumpfigen Gebiet, das auch Hürenkämpchen genannt wurde. Das Oberflächenwasser des umliegenden Gebietes konnte aufgrund des sehr lehmigen Bodens nicht versickern, sammelte sich und bildete einen Bach.

Heute ist die Quelle des Rheydter Bachs versiegt. Das ehemalige Quellgebiet befindet sich auf einem Militärgelände, gut erkennbar an dem Sendeturm des Mittelwellensenders des AFN[12] nahe der Autobahn 61.

2 Thelen, Gewässer, S. 17.
3 Dümmler, Rheydt, S. 12, u.a.
4 Erckens, Marienplatz, S. 17.
5 Erckens, Marienplatz, S. 18.
6 Strauß, Chronik II, S. 20; Erckens, Rheydt, S. 12; Erckens, Marienplatz, S. 141.
7 Erckens, Marienplatz, S. 18.
8 Thelen, Gewässer, S. 17f.
9 ~125 cm.
10 ~220 cm.
11 Erckens, Marienplatz, S. 141.
12 American Forces Network.

Abb. 2: Das ehemalige Quellgebiet des Rheydter Bachs
befindet sich heute auf einem
Militärgelände, 2015.

Vom Quellgebiet aus floss der Rheydter Bach in östliche Richtung nach
Pongs. Der heute erste sichtbare Teil des Rheydter Bachs beginnt östlich der Autobahn 61, wo ein Betonrohr die Autobahn unterquert.

Abb. 3: Der erste sichtbare
Teil des Rheydter Bachs an
der Autobahn 61, 2014.

Von Pongs aus flossen drei sog. Sothe zum Rheydter Bach. Bei diesen
Sothen handelte es sich um Gräben, durch die das Regenwasser aus
dem Ort und den umliegenden Gebieten abfließen konnte.

Soot (auch Soth) ist die Bezeichnung für eine nicht gepflasterte Rinne mit schmutzigen Abwässern, eine Straßengosse, einen Wassergraben bzw. eine Regenrinne.[13]

Die westlich gelegene **Gärtensoth** entwässerte das Gebiet »Schwarzer Weg«, das südlich des Quellgebiets des Rheydter Bachs lag. Die **Struckssoth** und die **östliche Soth** kamen aus dem Gebiet des heutigen Stadtwalds. Die Struckssoth hatte ihren Anfang beim »kleinen Weiher« (westlich der Kleingärtenanlage), die östliche Soth beim »großen Weiher« (an der Dahlener Straße).[14]

Der Abschnitt des Rheydter Bachs nördlich von Pongs wurde zeitweise auch als **Kämpges Soth** bezeichnet.

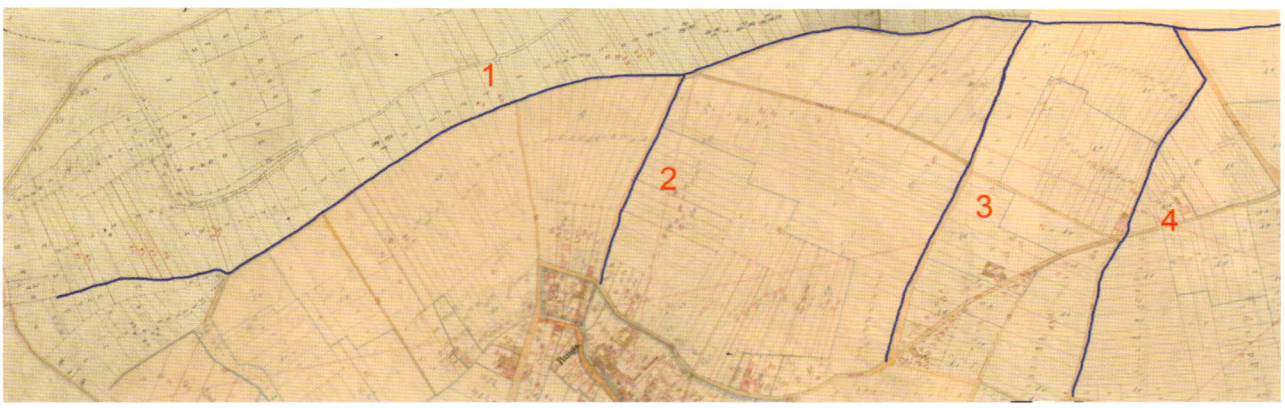

Heute schlängelt sich der **Rheydter Bach**, der nur noch nach sehr starken Regenfällen Wasser führt, durch die Felder nördlich von Pongs.

Abb. 4: Der Verlauf des Rheydter Bachs (1) nördlich von Pongs. In der Bildmitte sind die Gärtensoth (2), die Struckssoth (3) und die östliche Soth (4) zu erkennen. Die Abbildung wurde aus mehreren Blättern des Urkatasters zusammengesetzt. Urkataster von 1820/1863.

Abb. 5: Der Rheydter Bach, die Gärten- und die Struckssoth nördlich von Pongs. Die heute nicht mehr erhaltene östliche Soth verlief zwischen dem Kornblumenweg und der Preyerstraße. Amtliche Stadtkarte Mönchengladbach, 2015.

13 Rheinisches Wörterbuch, Bd. 8, S. 183.
14 Pungs, Heimatverein.

Abb. 6: Der trockene Rheydter Bach nördlich von Pongs,
2014.

Auch die heute noch in Teilen erhaltenen Gärten- und Struckssoth führen nur nach sehr starkem Regen Wasser. Die östliche Soth existiert
nicht mehr.

Abb. 7: Ein noch erhaltener
Teil der Gärtensoth (vorne).
Im Hintergrund ist der
Rheydter Bach zu sehen. 2014.

Abb. 8: Auch die Struckssoth führt nur noch bei Starkregen Wasser, 2014.

Nachdem der Rheydter Bach Pongs passiert hat, fließt er nördlich von Morr, unterquert die Preyerstraße und durchquert – zunächst unterirdisch – den städtischen Friedhof. Inmitten des Friedhofs tritt er wieder an die Oberfläche, durchfließt den Friedhof und erreicht schließlich die »Botzkull«.

Das Wort **Botzkull** (auch Botzkaul) setzt sich zusammen aus »Botz« und »Kaul« oder »Kull«. Botz ist die Bezeichnung für ein feuchtes, sonniges Wiesenland, das in der Nähe eines Dorfes liegt.[15] Kull oder Kaul (auch Kaule) bezeichnet eine (wassergefüllte) flache Grube.[16] Botzkull bedeutet also grasbewachsene, wassergefüllte Grube.

15 Rheinisches Wörterbuch, Bd. 1, S. 731.
16 Rheinisches Wörterbuch, Bd. 4, S. 331.

Abb. 9: Der Rheydter Bach (oben in der Abbildung) nördlich von Morr. Die Abbildung wurde aus zwei Blättern des Urkatasters zusammengesetzt. Urkataster von 1820/1863.

Auf dem Städtischen Friedhof erinnert der hier noch recht breite Rheydter Bach an seine ehemalige Größe. Am östlichen Ende des Friedhofs verschwindet er heute in der Kanalisation.

Abb. 10: Von der Preyerstraße bis zur Mitte des Friedhofs verläuft der Rheydter Bach (1) heute kanalisiert. Auf dem Friedhof ist er dann noch einmal sichtbar (2), bevor er im Kanalnetz verschwindet. Die Botzkull befand sich am heutigen Botzkuhlenweg (3). Links auf der Karte ist auch die Struckssoth (4) zu erkennen. Amtliche Stadtkarte Mönchengladbach, 2015.

Abb. 11: Der Rheydter Bach auf dem Gelände des Städtischen Friedhofs, 2014.

Früher floss der Rheydter Bach von der Botzkull aus weiter in südöstliche Richtung.

Abb. 12: Der Verlauf des Rheydter Bachs von der Botzkull (1) vorbei an Schrievers (2) und Boot (3) bis zur Rheydter Innenstadt. Urkataster von 1820.

Der Rheydter Bach verlief parallel zur heutigen Bachstraße, unterquerte diese etwa auf Höhe der Bootstraße und verlief dann südlich der Bachstraße in Richtung Rheydter Innenstadt.

Abb. 13: Auf dem Gelände des Städtischen Friedhofs verschwindet der Rheydter Bach heute in der Kanalisation. Amtliche Stadtkarte Mönchengladbach, 2015.

Nachdem der Rheydter Bach die Stelle passiert hatte, an dem heute die beiden Bahnlinien verlaufen, kreuzte er die Birnbaumstraße[17] und verlief weiter entlang der heutigen Marktstraße. Früher floss das Wasser des Rheydter Bachs direkt über die Birnbaumstraße. Erst 1824 wurde dort eine steinerne Brücke gebaut. Dazu wurde der Verlauf des Rheydter Bachs etwas verlegt und begradigt.[18]

    Zwischen dem heutigen Marienplatz und der Hauptstraße stand früher auf der rechten Seite der Birnbaumstraße – etwa dort, wo heute die Marktstraße beginnt – das Hotel Joebges. Direkt südlich des Ho-

17   Später: Friedrich-Wilhelm-Straße, heute: Friedrich-Ebert-Straße.
18   Erckens, Marienplatz, S. 140.

tels floss der Rheydter Bach. Als die Marktstraße gebaut werden sollte, stand das Hotel im Weg und wurde daher zunächst 1910 von der Stadt gekauft und ein Jahr später abgerissen. Als die Marktstraße 1912 gebaut wurde, wurde der Rheydter Bach von der Bachstraße aus über den Marienplatz und die Kaiserstraße[19] umgeleitet und bis zur Gracht kanalisiert.[20]

Früher kreuzte der Rheydter Bach die Harmoniestraße und verlief durch die Gasse zwischen Harmonie- und der Roosen Straße[21]. Schließlich durchquerte er das Gelände, auf dem heute ein großes Warenhaus steht, und verlief dann »durch den Hof« des heutigen Rathauses. Etwas weiter nördlich stand früher das Kloster St. Alexandri.

Abb. 14: 1904 war der Rheydter Bach erst an wenigen Stellen kanalisiert und prägte noch das Bild der Rheydter Innenstadt. Stadtkarte von 1904.

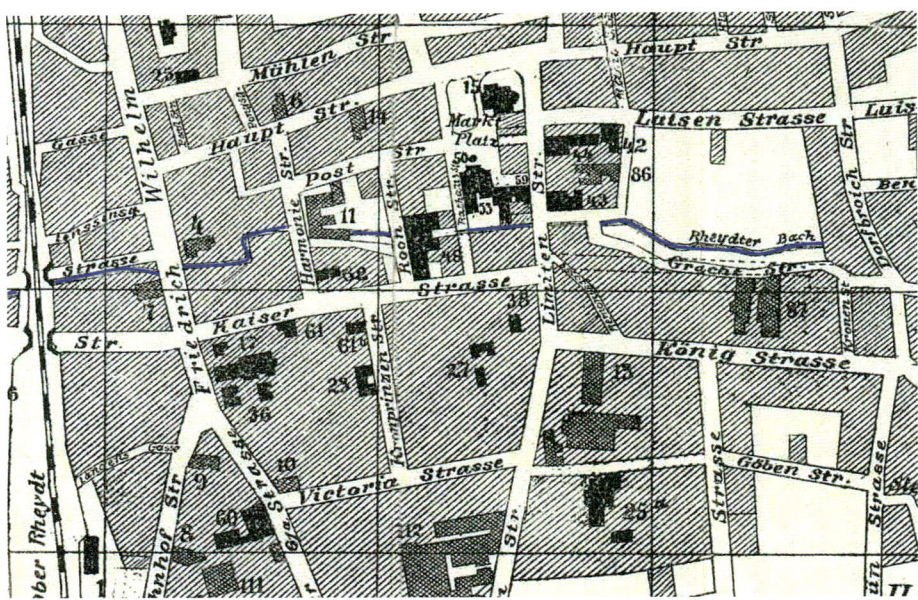

Im Jahr 1433 bat die Klosterfrau Adelheid von Kempen den Herrn von Rheydt, ihr ein verlassenes Gebäude auf dem heutigen Marktplatz zu überlassen, damit sie dort Gott dienen könne. Ihrem Wunsch wurde unter der Bedingung zugestimmt, dass sie und ihre zukünftigen Genossinnen nach einer Ordensregel leben müssten. Ein Jahr später wurde das Kloster vom Kölner Erzbischof Dietrich von Mörs nach der dritten Regel des hl. Franciscus genehmigt. Das Kloster erhielt den Namen »Conventus sancti Alexandri« (**Kloster St. Alexandri**).[22] Im Laufe der Jahre wurde das Kloster immer wieder von Schicksalsschlägen heimgesucht. So kam es zum Beispiel Ende des 16. Jahrhunderts mehrfach zu Plünderungen. Ende des 17. Jahrhunderts brannte das Kloster bei einem Großbrand in Rheydt ab, wurde anschließend aber wieder neu aufgebaut.[23] Im Jahr 1802 wurde das Kloster im Rahmen der Säkularisation aufgelöst. Die Gebäude wurden zunächst der »Sénatorerie von Poitiers«

19 Heute: Stresemannstraße.
20 Erckens, Marienplatz 8, S. 186.
21 Heute: Marktstraße.
22 Strauß, Chronik I, S. 192.
23 Strauß, Chronik I, S.193ff.

als Dotation[24] zugewiesen und 1806 an die Gebrüder Lenssen, Johan Arnold Peussen und den letzten Klosterrektor Leonhard Dapper, der die Gebäude seit 1802 gemietet hatte, verkauft. Später fiel das Klostergebäude mit seinen Nebenbauten komplett an Leonhard Dapper. Dieser ließ die Nonnen, die seit der Säkularisation besitzlos waren, weiter im Klostergebäude leben.[25] 1836 waren noch weite Teile der Klostergebäude erhalten. 1879 wurden sie von der Stadt Rheydt gekauft und später abgerissen.

Als **Säkularisation** bezeichnet man die Einziehung oder Nutzung kirchlichen Eigentums durch weltliche Gewalt (z. B. den Staat).

Abb. 15: Der Verlauf des Rheydter Bachs (1) durch die Rheydter Innenstadt. Im rechten oberen Bereich der Karte sind die alte Evangelische Hauptkirche (rot umkreist, seit 1902 steht an dieser Stelle die »neue« Evangelische Hauptkirche) und darunter die Gebäude des Klosters St. Alexandri zu erkennen. Südlich des Rheydter Bachs verlief die Gracht (2). Urkataster von 1820.

In früheren Jahren gab es von der heutigen Ecke Marienplatz/Stresemannstraße bis zur Harmoniestraße einen alten Fußpfad (später Pastoratsgasse). Entlang dieses Fußpfades verlief ein Graben, der **Gracht**[26] genannt wurde. Auf Höhe der Harmoniestraße hatte dieser Graben einen Abfluss zum Rheydter Bach; er verlief jedoch auch weiter parallel zur Stresemannstraße bis zur heutigen

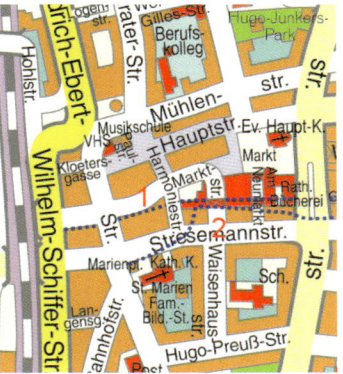

Abb. 16: Seit seiner Kanalisierung ist der Rheydter Bach (1) komplett aus dem Bild der Rheydter Innenstadt verschwunden. Auch von der Gracht (2) ist nichts mehr zu sehen. Amtliche Stadtkarte Mönchengladbach, 2015.

24 Ausstattung mit Gütern und Einkünften.
25 Strauß, Chronik I, S.196f.
26 = Graben.

Limitenstraße.[27] Auf dem Urkataster von 1820 ist die Gracht noch zu erkennen, auf späteren Karten ist sie nicht mehr eingezeichnet.

Nachdem der **Rheydter Bach** das Rathaus passiert hatte, kreuzte er die Limitenstraße und verlief entlang der Gracht Straße[28]. Auf Höhe der heutigen Gracht überquerte der Rheydter Bach den heutigen Parkplatz, an dessen Stelle früher ein großer Weiher lag. Anschließend kreuzte der Rheydter Bach die Dorfbroicher Straße.

Abb. 17: Der Rheydter Bach auf Höhe der heutigen »Gracht«. Urkataster von 1820.

Abb. 18: Der ehemalige Verlauf der Gracht (2) und des Rheydter Bachs (1) auf Höhe der heutigen »Gracht«. Amtliche Stadtkarte Mönchengladbach, 2015.

Nachdem der Rheydter Bach die Dorfbroicher Straße gequert hatte, floss er zwischen der heutigen Bendhecker- und der Friedensstraße weiter in östliche Richtung. Er passierte die heutige Straße »Am Rheydter Bach« und die Friedensstraße und floss nördlich der Färberstraße in Richtung des heutigen Bresgesparks.

Der Rheydter Bach unterquerte den Stockholtweg, nahm den Heydener Bach auf und knickte anschließend in nordöstliche Richtung ab. Ein Vergleich des Urkatasters mit der Stadtkarte von 1904[29] zeigt, dass der Verlauf des Rheydter Bachs an dieser Stelle geändert wurde. Darüber hinaus sind auf dem Urkataster mehrere Nebenläufe zu erkennen, die heute nicht mehr existieren.

27   Erckens, Marienplatz, S. 98.
28   Heute: Gracht (eine Straße), nicht zu verwechseln mit der Gracht (ein Wassergraben).
29   Siehe weiter hinten in diesem Kapitel.

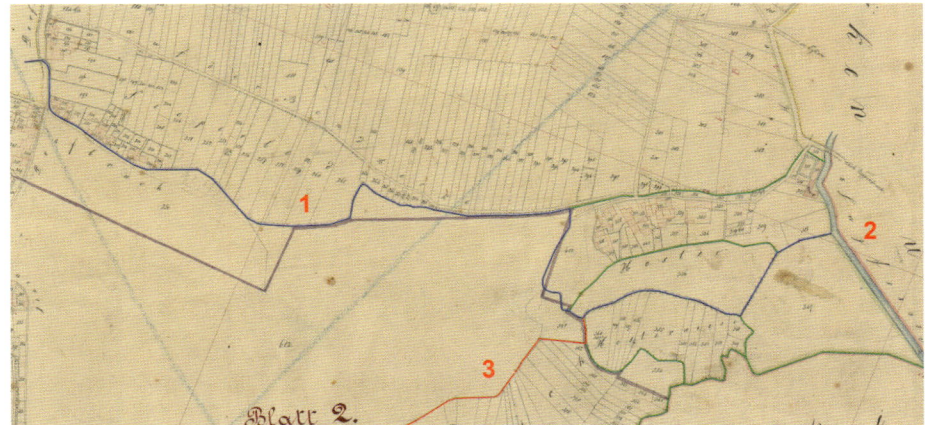

Abb. 19: Der Verlauf des Rheydter Bachs (1, blau) von Dorfbroich bis zur Mündung in die Niers (2). Der Heydener Bach (3) ist rot eingezeichnet, die Nebenläufe des Rheydter Bachs grün. Urkataster von 1819.

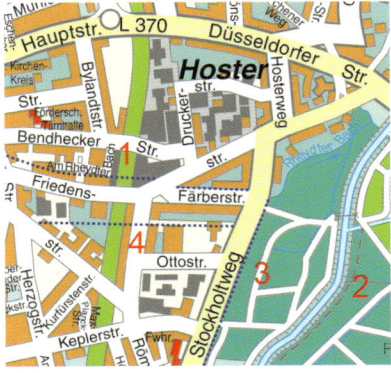

Abb. 20: Im Bresgespark verläuft der Rheydter Bach (1) heute als offener Kanal und mündet anschließend in die Niers (2). Vom Heydener Bach (3) und vom Schwarzen Graben (4)[30] ist heute nichts mehr zu sehen. Amtliche Stadtkarte Mönchengladbach, 2015.

Heute verläuft der Rheydter Bach im Bresgespark als offener Kanal und mündet kurz vor der Niersbrücke an der Düsseldorfer Straße in die begradigte Niers.

Abb. 21: Der Rheydter Bach als offener Kanal im Bresgespark, 2010.

Das Quellgebiet des **Heydener Bachs** ist selbst auf den ältesten vorliegenden Karten nicht exakt auszumachen. Wahrscheinlich lag seine Quelle im Stadtteil Tipp – etwa im Bereich des heutigen Schmölderparks. Von dort aus verlief der Heydener Bach zunächst in einem Bogen nach Osten, kreuzte die heutige Wickrather Straße und floss dann weiter parallel zur Berliner Straße.

30 Informationen zum Schwarzen Graben finden Sie weiter hinten in diesem Kapitel.

Abb. 22: Der Heydener Bach entsprang wahrscheinlich in Tipp im Gebiet des heutigen Schmölderparks. Der vermutete Verlauf des Heydener Bachs wurde nachträglich in die Karte eingezeichnet. Urkataster von 1819.

Abb. 23: Im ehemaligen Quellgebiet des Heydener Bachs befindet sich heute der Schmölderpark. Amtliche Stadtkarte Mönchengladbach, 2015.

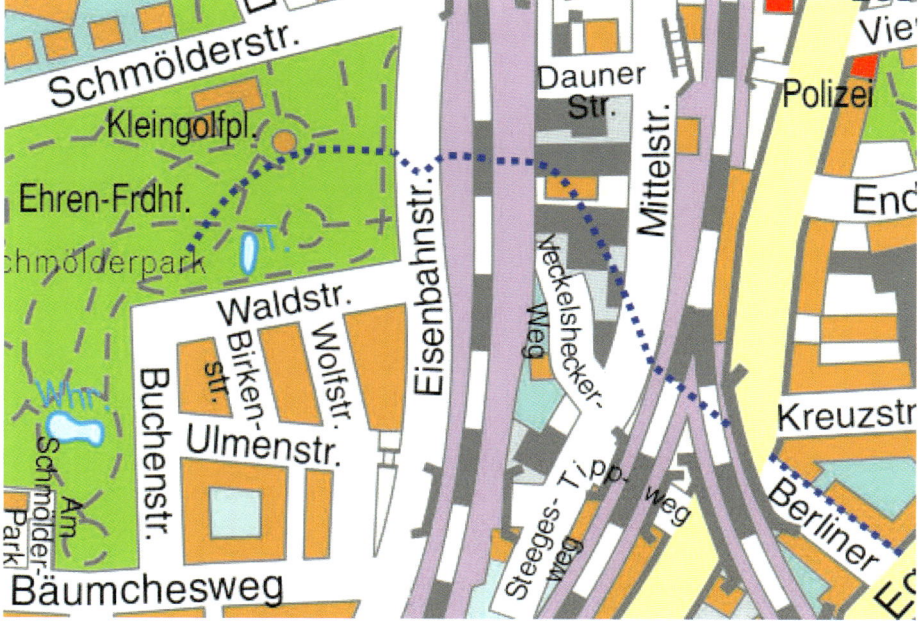

Auf Höhe der heutigen Egerstraße knickte der Heydener Bach zunächst nach Süden und dann sofort wieder nach Osten ab, folgte der Oberheydener Straße und durchquerte Heyden. Kurz vor der Kreuzung mit der heutigen Odenkirchener Straße gab es früher einen Weiher, der heute nicht mehr erhalten ist.

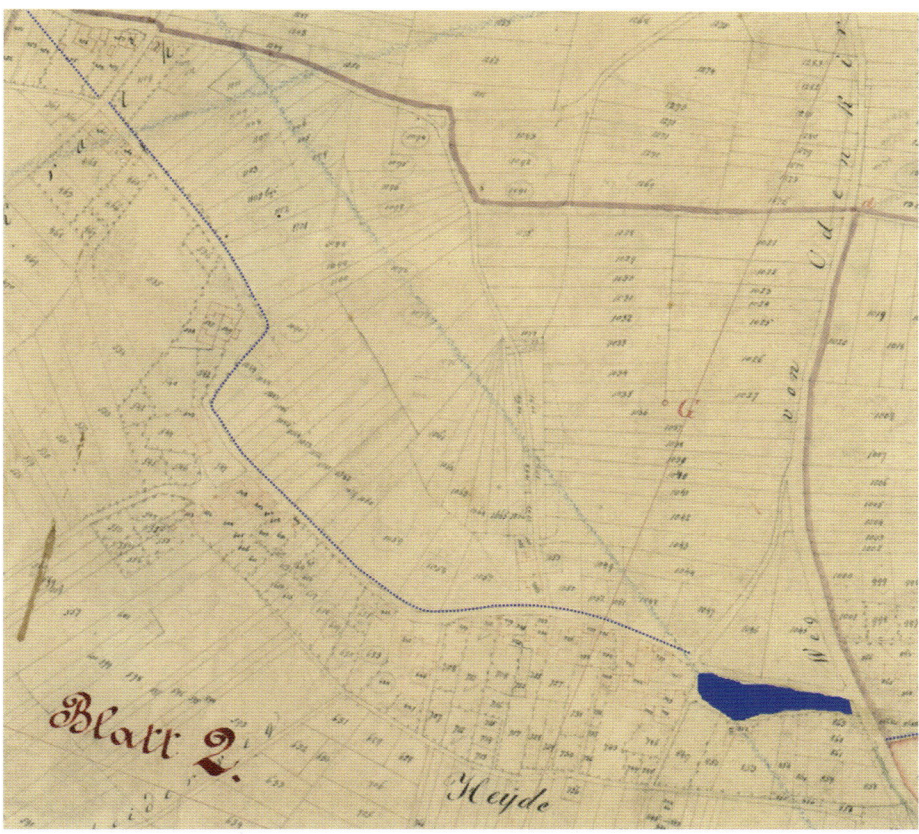

Abb. 24: Der Heydener Bach floss vom Quellgebiet aus in südöstliche Richtung und durchquerte Heyden. Rechts unten auf der Karte ist der Weiher an der Odenkirchener Straße zu erkennen. Urkataster von 1819.

Abb. 25: Der Heydener Bach floss vermutlich parallel zur heutigen Berliner-, Eger- und Oberheydener Straße. Amtliche Stadtkarte Mönchengladbach, 2015.

Der Heydener Bach kreuzte die Odenkirchener Straße und floss anschließend parallel zur Unterheydener Straße. An deren Ende verlief er zunächst noch weiter Richtung Osten, kreuzte die heutige Schlachthofstraße, knickte dann nach Norden ab und durchquerte das Gelände des späteren Schlachthofes. Am Ende der Emil-Wienands-Straße knickte er wieder nach Osten ab und passierte die Eickesmühle.[31]

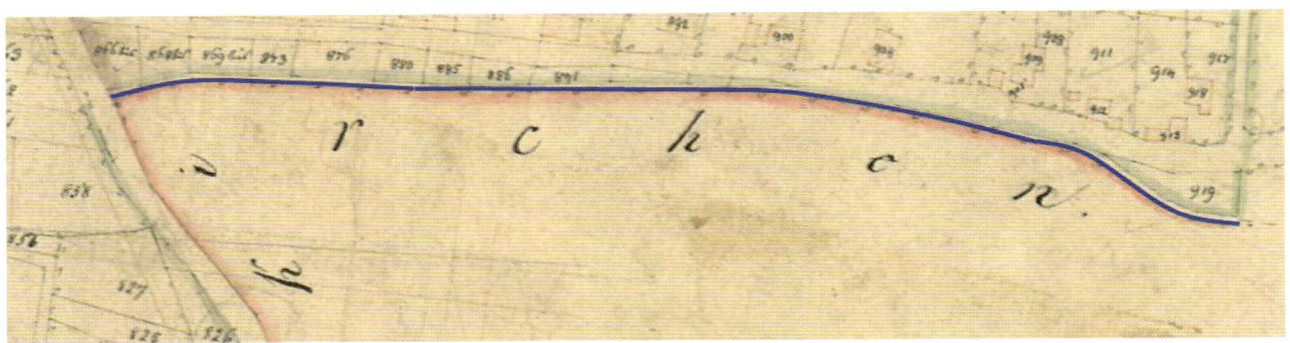

Abb. 26: Der Heydener Bach floss parallel zur heutigen Unterheydener Straße. Urkataster von 1819.

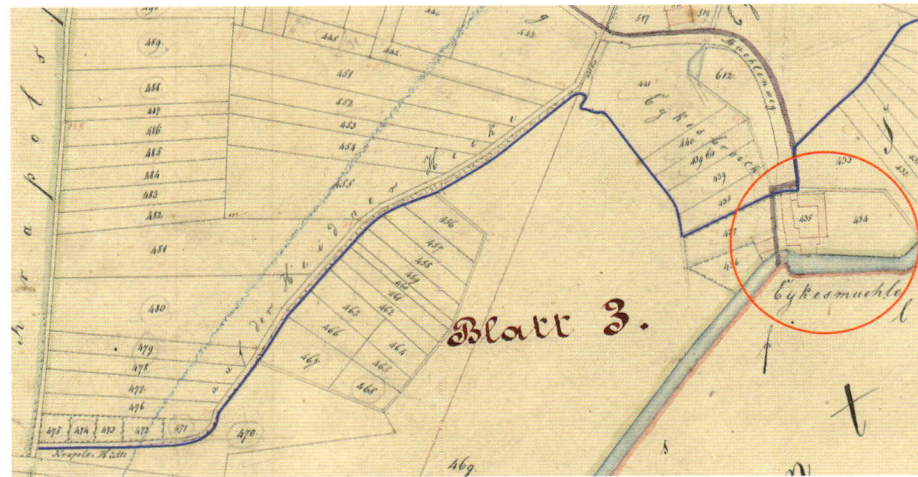

Abb. 27: Der Heydener Bach durchquerte das Gelände des späteren Schlachthofs und passierte die Eickesmühle (rot umkreist). Urkataster von 1819.

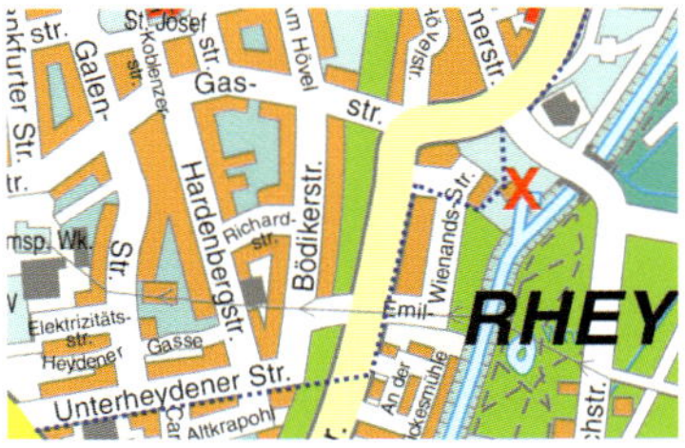

Abb. 28: Auf dem Gelände des ehemaligen Schlachthofs befindet sich heute das Gewerbegebiet »An der Eickesmühle«. Die heute nicht mehr erhaltene Eickesmühle stand etwa am Ende der Emil-Wienands-Straße (durch ein rotes Kreuz markiert). Amtliche Stadtkarte Mönchengladbach, 2015.

31 Informationen zur Eickesmühle finden Sie in: Lünendonk, Niers, S. 99ff.

Nachdem der Heydener Bach die Eickesmühle passiert hatte, floss er weiter in nordöstliche Richtung – parallel zur Niers und zum heutigen Stockholtweg.

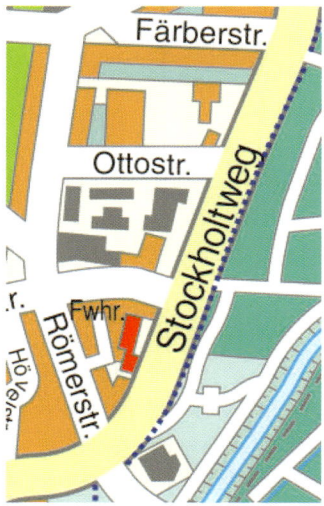

Abb. 29: Der Heydener Bach floss parallel zur Niers in nordöstliche Richtung. Urkataster von 1819.

Abb. 30: In den 1920er Jahren wurde der Heydener Bach entlang des Stockholtwegs kanalisiert. Amtliche Stadtkarte Mönchengladbach, 2015.

Bevor der Heydener Bach in Hoster in den Rheydter Bach mündete, nahm er noch den **Schwarzen Graben** auf, der von Dorfbroich Richtung Osten verlief. Wie der Name schon vermuten lässt, handelte es sich beim Schwarzen Graben um einen künstlich ausgehobenen Graben, über den Abwässer der nahe gelegenen Fabriken in den Heydener Bach abgeleitet wurden. Der Schwarze Graben existiert heute nicht mehr.

Abb. 31: Der Verlauf des Rheydter Bachs (1) von Dorfbroich bis zur Mündung in die Niers (2). Südlich von Hoster nahm der Heydener Bach (3) den Schwarzen Graben (4) auf und mündete in den Rheydter Bach. Stadtkarte von 1904.

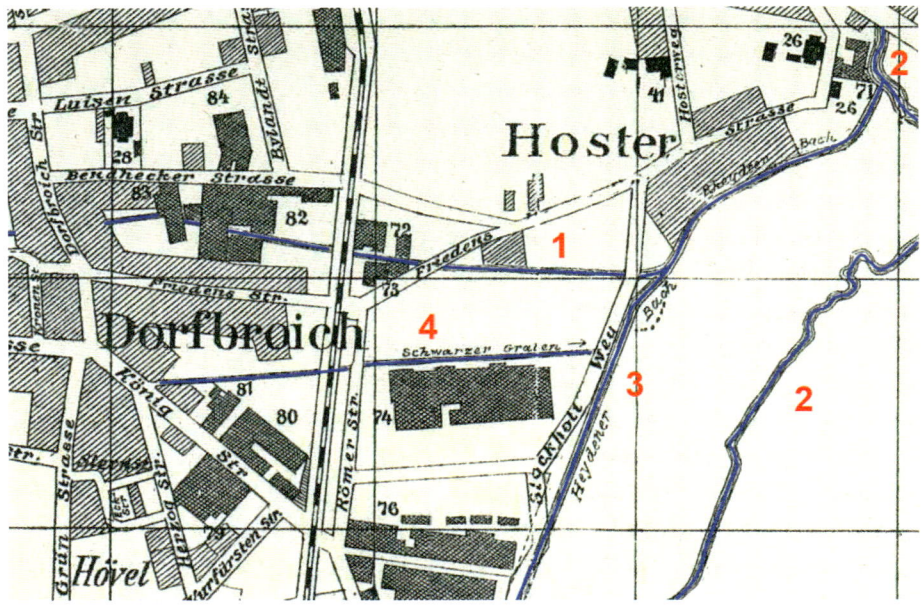

In Hoster mündete der **Heydener Bach** schließlich in den Rheydter Bach, der ein kurzes Stück dahinter in die Niers mündete.

Abb. 32: In Hoster mündete der Heydener Bach (1) in den Rheydter Bach (2), der wenig später in die Niers (3) mündete. Urkataster von 1819.

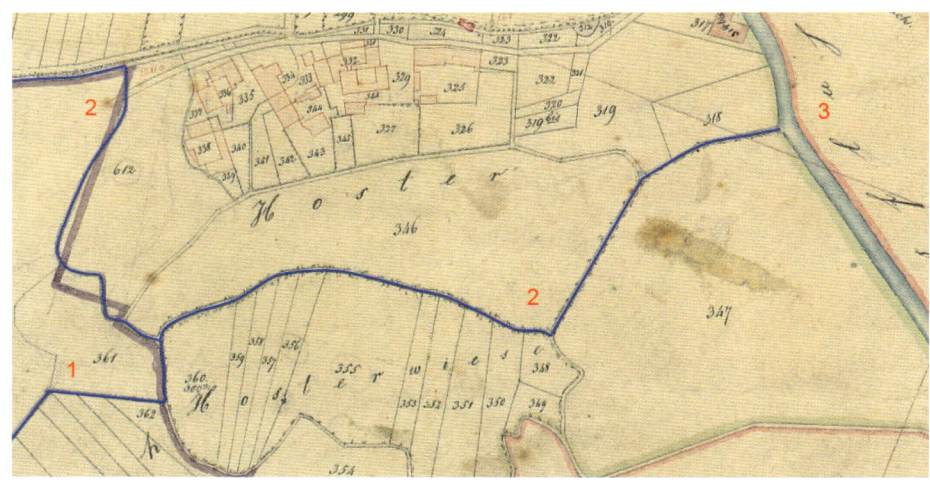

Zu Beginn des 20. Jahrhunderts wurde der Heydener Bach, der zwischenzeitlich zur Abwasserkloake verkommen war, genau wie viele andere Fließgewässer in Mönchengladbach kanalisiert. Der letzte offene Abschnitt am Stockholtweg zwischen Bleich- und Färberstraße wurde 1926 kanalisiert.[32]

32 Verwaltungsbericht RY 1926.

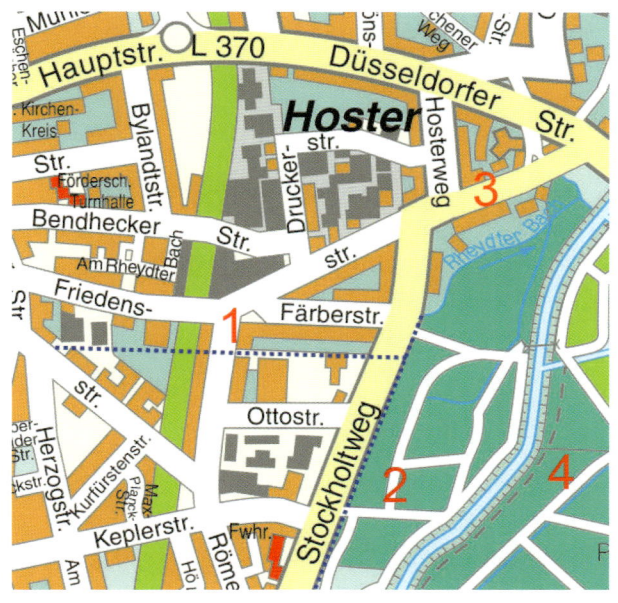

Der **Rheydter Grenzbach**, der auch Landwehrgraben oder Rheydter Grenzgraben genannt wurde, verlief – wie der Name schon vermuten lässt – entlang der Grenze zwischen Rheydt und Mönchengladbach. Er begann Nahe der Rheydter Straße unterhalb des ehemaligen »Hangbusches«.[33]

Zunächst verlief er ein kurzes Stück in Richtung Norden parallel zur Rheydter Straße. Hinter der Breite Straße knickte er dann nach Nordosten ab, querte die heutige Richard-Wagner-Straße und die Theodor-Heuss-Straße und floss dann parallel zur Webschulstraße. Im Weiteren verlief der Rheydter Grenzbach parallel zur heutigen Moselstraße und mündete in Hardterbroich in den Bungtbach.[34]

Abb. 33: Der Schwarze Graben (1) existiert heute nicht mehr. Der Heydener Bach (2) ist vollständig in der Kanalisation verschwunden. Ein kurzes Stück des Rheydter Bachs durchfließt heute den Bresgespark als offener Regenwasserkanal (3) und mündet in die Niers (4). Amtliche Stadtkarte Mönchengladbach, 2015.

Abb. 34: Der Rheydter Grenzbach (1) verlief von der Rheydter Straße bis nach Hardterbroich und mündete dort in den Bungtbach (2). Die Karte wurde aus zwei Teilen des Urkatasters zusammengefügt. Urkataster von 1819/20.

33 Klinge, Gewässer, S. 162.
34 Klinge, Gewässer, S. 163.

Abb. 35: Heute sind vom Rheydter Grenzbach nur noch Reststücke erhalten. Amtliche Stadtkarte Mönchengladbach, 2015.

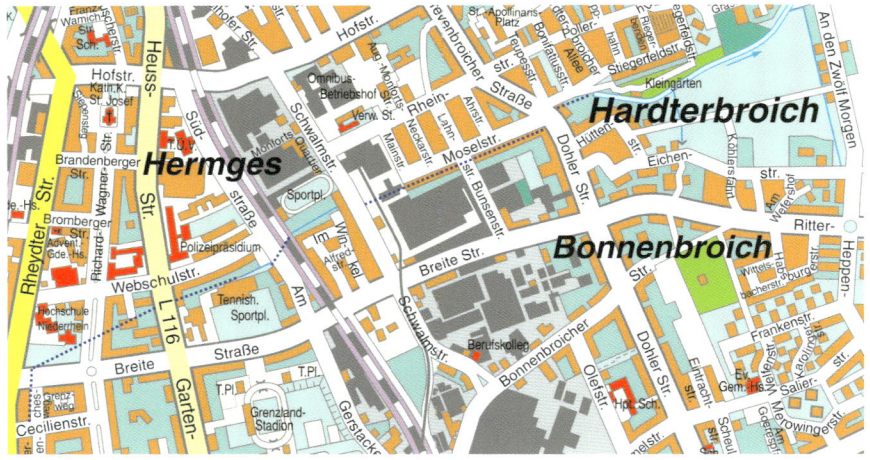

An zwei Stellen sind heute noch Reststücke des Rheydter Grenzbachs erhalten: auf Höhe des Parkplatzes an der Webschulstraße und im Bereich zwischen dem Sportplatz an der Schwalmstraße und der Straße »Im Winkel«.

Abb. 36: Auf Höhe des Parkplatzes an der Webschulstraße ist heute noch ein Reststück des Rheydter Grenzbachs sichtbar, 2015.

Von Güdderath über Odenkirchen bis Mülfort

Güdderather Bach, Bottbach, Hover Graben, Wetscheweller Graben, Bottbachmühle (Bottmühle, Gisbertsmühle, Schweizermühle), Rohrfeldgraben, Beller Bach, Papierbach, Geistenbecker Papiermühle (Grevens Papier Mühle)

In Sasserath – ganz im Süden von Mönchengladbach – entsprang der **Güdderather Bach**. Er verfügte über keine natürliche Quelle, sondern hatte seinen Ursprung in einem sog. Maar.

Maar (vom niederdeutschen mâr) war am Niederrhein eine Bezeichnung für ein Feuchtgebiet oder ein Stillgewässer (stehendes Gewässer). Im mittellateinischen bedeute das Wort »mara« stehendes Gewässer[35]. In früheren Zeiten dienten die Maare oft als Feuerlöschteiche. Im Sommer wurden sie auch als Pferdeschwemmen[36] verwendet.[37]

Im Sasserather Maar wurden das Regenwasser und in früheren Zeiten auch die Abwässer der Ortschaft gesammelt und über einen Kanal abgeleitet, der als offener Graben parallel zum heutigen Mongshofer Weg in westliche Richtung verlief.[38]

Das Maar, das an der Ecke der heutigen Kölner Straße und der Talstraße lag, wurde in der zweiten Hälfte des Zwanzigsten Jahrhunderts zugeschüttet. An seiner Stelle wurde eine Grünanlage angelegt. Heute befindet sich dort ein Denkmal für Gefallene der beiden Weltkriege.

Abb. 37: Denkmal für Gefallene der beiden Weltkriege in Sasserath, 2015.

35 Duden, 2. August 2015.
36 Stelle in einem Gewässer, an der Pferde gesäubert und getränkt wurden.
37 Rixen, Odenkirchen, S. 314.
38 Rixen, Odenkirchen, S. 314.

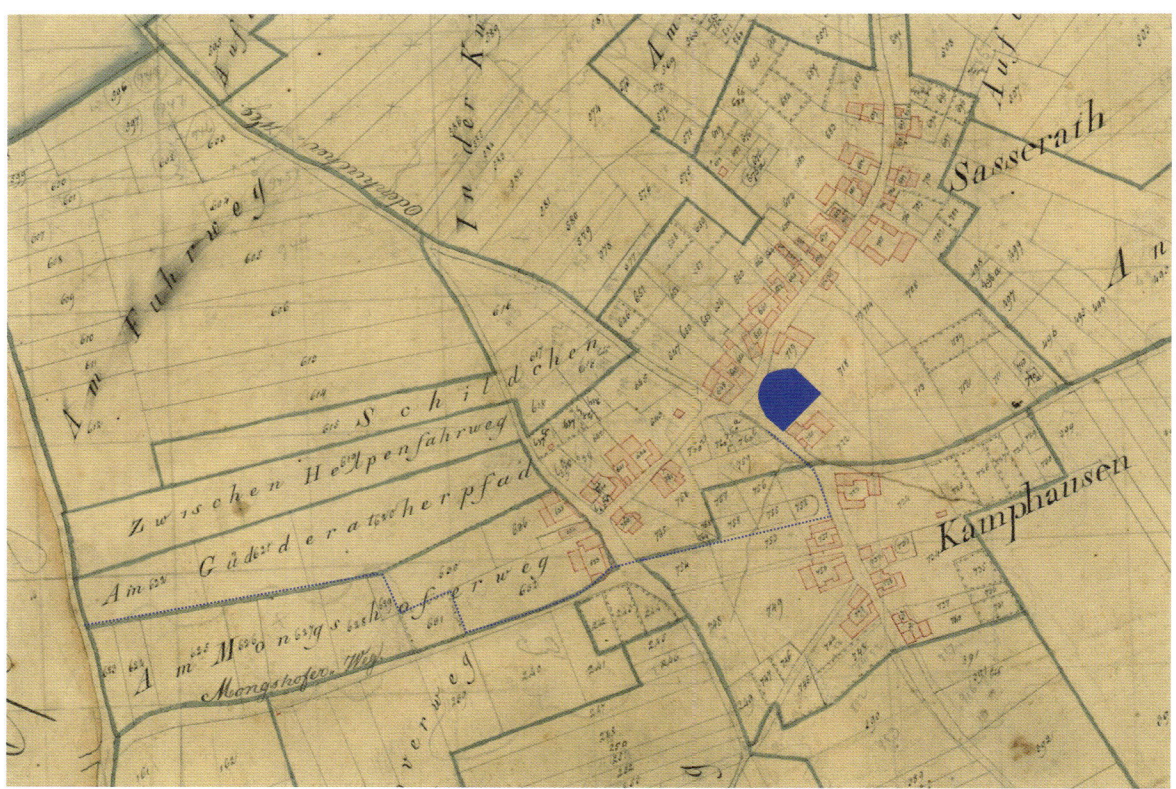

Abb. 38: Verlauf des Güdderather Bachs vom Maar in der Ortsmitte bis an die Ortsgrenze von Sasserath. Das Maar und der Verlauf des Bachs wurden nachträglich in die Karte eingezeichnet. Urkataster von 1819.

Abb. 39: Der Verlauf des Güdderather Bachs in Sasserath. Das »Maar« und die gestrichelt dargestellten Abschnitte sind heute nicht mehr vorhanden bzw. kanalisiert. Amtliche Stadtkarte Mönchengladbach, 2015.

An der Kölner Straße und auf Höhe des Mongshofer Wegs sind heute noch Teile des Güdderather Bachs in Form eines offenen Regenwasserkanals erhalten.

Abb. 40: An der Kölner Straße ist ein Reststück des Güdderather Bachs erhalten, 2015.

Abb. 41: Auf Höhe des Mongshofer Wegs ist noch ein Reststück des Güdderather Bachs zu sehen, 2015.

Nachdem der Güdderather Bach die Ortsgrenze von Sasserath passiert
hatte, kreuzte er die heutige Landstraße 19[39] und floss nördlich von
Mongshof in westliche Richtung nach Güdderath.

Heute ist der Güdderather Bach ab der Kreuzung mit der Landstraße 19 kanalisiert.

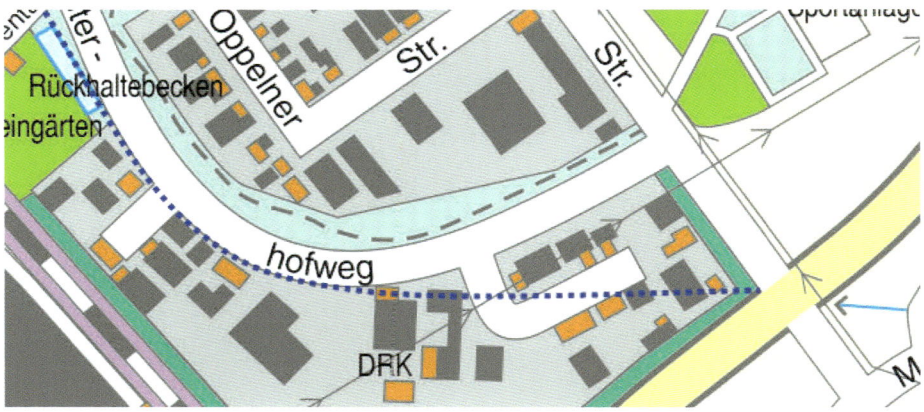

In Güdderath floss der Güdderather Bach entlang des heutigen Klos-
terhofwegs, nahm weitere Abwässer auf[40] und passierte den Düsselhof
(auch genannt Güdderather Hof, »Reifferscheidthoff«, Clasenhof oder –
nachdem er in das Eigentum des Kölner Ursulinenklosters übergegan-
gen war – Klosterhof).[41]

Im weiteren Verlauf floss der Güdderather Bach parallel zum heutigen Güdderather Mühlenweg und mündete unterhalb der Güdderather
Mühle in die Niers. Die Güdderather Mühle, die auch Düssel-, Dapperts-,
Tapperts- oder Roosenmühle genannt wurde, gehörte zum Düsselhof
und gelangte 1802 im Rahmen der Säkularisation in Privatbesitz.[42]

39   Zwischen Sasserath und
Hochneukirch.
40   Rixen, Odenkirchen, S. 314.
41   Rixen, Odenkirchen, S. 254.
42   Detaillierte Informationen
zur Güdderather Mühle finden
Sie in: Lünendonk, Niers, S. 90f.

Westlich der ehemaligen Mündung des Güdderather Bachs in die Niers befindet sich der Wetscheweller Bruch.

Aus dem Wetscheweller Bruch bzw. aus dem Ortsteil Hoven flossen früher zwei Bäche Richtung Odenkirchen: der Bottbach und der Hover

Graben. Waren es Anfang des 19. Jahrhunderts noch zwei unabhängige Gewässer, so teilen Sie sich heute streckenweise ein gemeinsames Bachbett.

Der **Bottbach** entsprang im Wetscheweller Bruch nahe des Saarhofs. Seine natürlichen Quellen sind heute versiegt. Nur die künstliche Zuführung von Sümpfungswasser sorgt dafür, dass der Bottbach heute noch Wasser führt. Dazu wird ihm von Wickrath aus über ein unterirdisches Rohrsystem Wasser zugeführt.

Um den Braunkohletagebau zu ermöglichen, muss das umgebende Grundwasser abgepumpt werden. Dieser Vorgang wird bergmännisch als **Sümpfung** bezeichnet. Das im und am Tagebau gehobene **Sümpfungswasser** wird der Niers an mehreren Stellen über Leitungen in Form von **Ersatzquellen** zugeführt.

Auf Mönchengladbacher Stadtgebiet gibt es derzeit[43] fünf direkte und 16 indirekte Einleitstellen, über die die Tagebaubetreiberin RWE Power AG Wasser in die Niers bzw. ihre Nebengewässer einleitet. Durch diese Maßnahme soll der sümpfungsbedingte Einfluss auf die Wasserführung minimiert werden. Über die direkten Einleitstellen können der Niers bis zu 6,15 Millionen m^3 Wasser pro Jahr zugeführt werden. Die ergiebigsten Einleitstellen sind die Ersatzquelle nördlich der Autobahn 46 mit bis zu 3,32 Millionen m^3 pro Jahr und die Einleitung über die Köhm mit bis zu 2,15 Millionen m^3 pro Jahr. Einleitstellen befinden sich in Wanlo, zwischen Wanlo und Wickrathberg, im Niersbruch zwischen Wickrathberg und Wickrath, bei Schloss Wickrath, im Wetscheweller Bruch und in Güdderath.[44]

Der Bottbach schlängelt sich durch den Wetscheweller Bruch, nimmt den Wetscheweller Graben auf und fließt in Richtung Bahndamm der Eisenbahnstrecke zwischen Odenkirchen und Köln.

Beim **Wetscheweller Graben** handelt es sich um ein Teilstück der alten Niers, die 1875 zwischen Wickrath und Güdderath

Abb. 47: Der Bottbach im Wetscheweller Bruch, 2013.

43   Stand: Juni 2015.
44   Stadt Mönchengladbach, Fachbereich Umweltschutz und Entsorgung.

begradigt[45] und 1955 ausgebaut wurde.[46] Der Wetscheweller Graben verfügt über keine natürliche Quelle. Auch ihm wird über eine Einleitungsstelle aufbereitetes Sümpfungswasser zugeführt.[47]

Vergleicht man das Urkataster mit der aktuellen Stadtkarte, so kann man den ehemaligen Verlauf der Niers deutlich im Verlauf des heutigen Wetscheweller Grabens wiedererkennen.

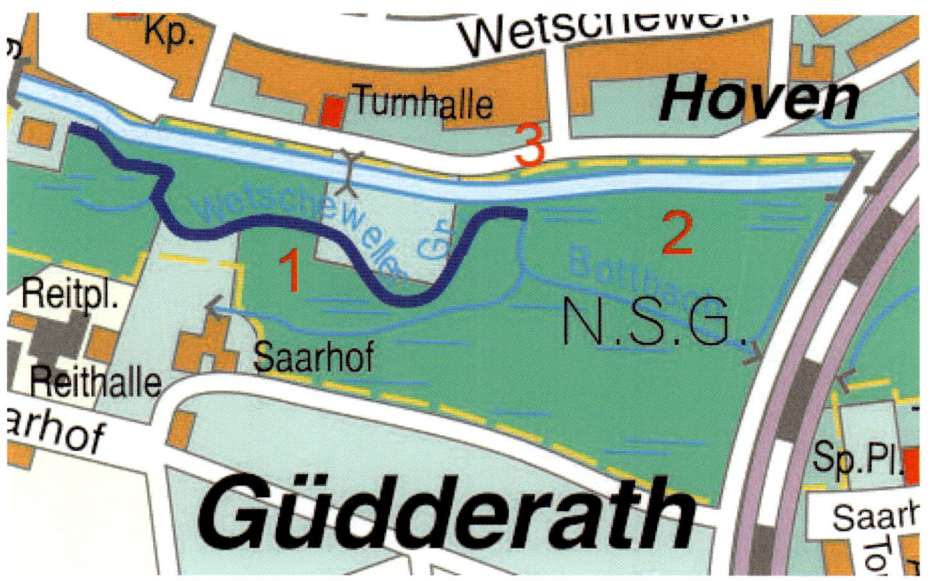

Abb. 48: Der Verlauf der Niers zwischen Wickrath und Güdderath vor ihrer Begradigung 1875. Der blau gefärbte Abschnitt entspricht etwa dem heutigen Wetscheweller Graben. Urkataster von 1819.

Abb. 49: Der Wetscheweller Graben (1) ist ein Teilstück der alten Niers und mündet in den Bottbach (2). Auf der Karte ist auch die neue Niers (3) zu sehen. Amtliche Stadtkarte Mönchengladbach, 2015.

45 Rixen, Odenkirchen, S. 310f.
46 Niersverband, 75 Jahre, S. 46.
47 Stadt Mönchengladbach, Fachbereich Umweltschutz und Entsorgung, Stand: Juni 2015.

Abb. 50: Der Wetscheweller Graben (im Hintergrund) und die neue Niers (im Vordergrund), 2013.

Der **Bottbach** unterquerte bis 1953 den Bahndamm, durchfloss den Güdderather Bruch und unterquerte die Niers[48] sowie den Güdderather Mühlenweg mittels eines sog. Dükers.

> Mit Hilfe eines **Dükers** kann Wasser ohne den Einsatz von Pumpen ein Hindernis oder auch ein anderes Gewässer unterqueren. Dabei wird das Prinzip der »kommunizierenden Röhren« verwendet: der Wasserstand zweier miteinander verbundener Röhren pegelt sich immer auf das gleiche Niveau ein. Fließt Wasser in die eine Röhre hinein, so erreicht es auf der anderen Seite das gleiche Höhenniveau.

Abb. 51: Prinzipielle Funktionsweise eines Dükers.

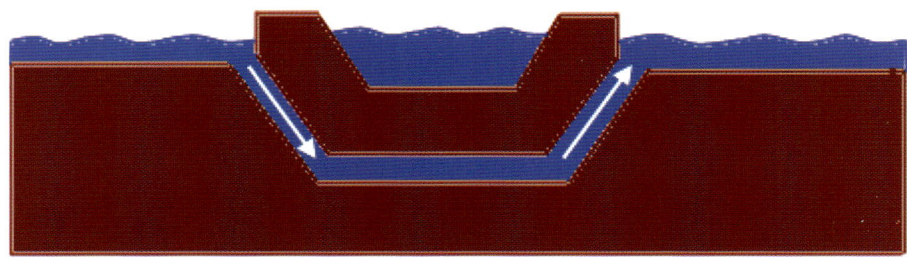

48   Rixen, Odenkirchen, S. 314.

Im Jahr 1953 wurde dieser Verlauf geändert. Seitdem knickt der Bottbach vor dem Bahndamm scharf nach Norden ab, fließt parallel zum
Bahndamm und mündet vor der Unterführung in die Niers.

Die alte Unterquerung unter dem Bahndamm ist heute noch erhalten. Jedoch nimmt nur eine geringe Wassermenge diesen Weg und
fließt in den Tosweiher der Niers.[49]

Ein Stück hinter der Unterführung unter dem Bahndamm nimmt
der Bottbach heute einen neuen Anfang. Auch hier sorgt eine Einleitungsstelle für die Zufuhr von Sümpfungswasser.[50]

Abb. 52: Verlauf des Bott-
bachs (1) von der Quelle beim
Saarhof (2) bis zur Unter-
dückung unter der Niers (3).
Rechts oben auf der Karte ist
auch die Güdderather Mühle
(4) zu erkennen. Urkataster
von 1819.

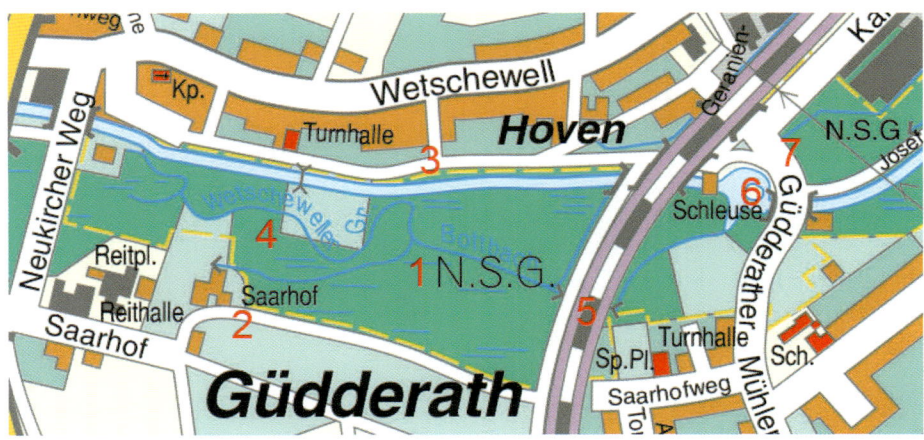

Abb. 53: Das Quellgebiet des
Bottbachs heute: der Bottbach
(1), der Saarhof (2), die
Niers (3), der Wetscheweller
Graben (4), die alte Unterquerung unter der Bahnlinie
(5), der Tosweiher (6) und der
neue Anfang des Bottbachs
am Güdderather Mühlenweg
(7). Amtliche Stadtkarte
Mönchengladbach, 2015.

49   Informationen zum
Tosweiher finden Sie in: Lünen-
donk, Niers, S. 122.
50   Stadt Mönchengladbach,
Fachbereich Umweltschutz und
Entsorgung, Stand: Juni 2015.

Die Quellen des **Hover Grabens** lagen in Hoven, einem Ortsteil von Wetschewell. Sie spendeten den Anwohnern klares Wasser, das für den Haushalt und den Garten verwendet wurde. Einer der Anwohner hat seinerzeit eine der Quellen – auch »Sprung« genannt – in Stein gefasst und »Jakobsbrunnen« getauft.[51]

Von Hoven aus floss der Hover Graben, der einen Teil von Wetschewell entwässerte, früher parallel zum Bottbach und zur heutigen Karlstraße in Richtung Odenkirchen.

Natürliche Quellen des Hover Grabens sucht man heute vergebens. Nur noch durch Regenwasser wird er gespeist. Er verfügt heute über zwei Arme: der westliche Arm kommt aus Hoven und trifft bei der

51   Rixen, Odenkirchen, S. 314.

Bahnunterführung am Güdderather Mühlenweg auf den östlichen Arm, der parallel zur Bahnlinie Richtung Odenkirchen verläuft.

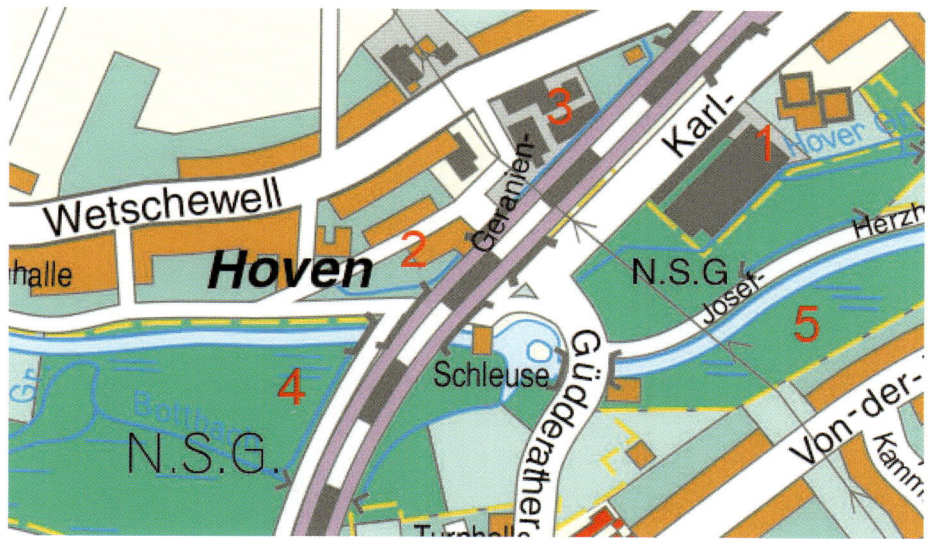

Abb. 56: Das Quellgebiet des Hover Grabens (1) heute. In Hoven sind der westliche (2) und der östliche (3) Arm zu erkennen. Links unten sind der Bottbach (4) und in der Bildmitte die Niers (5) zu sehen. Amtliche Stadtkarte Mönchengladbach, 2015.

Im Bereich zwischen der Karlstraße und dem Josef-Herzhoff-Weg flossen der Bottbach und der Hover Graben früher parallel in Richtung Odenkirchen. Als an der Karlstraße die beiden Hochhäuser gebaut wurden, wurden der Hover Graben und der Bottbach in ein gemeinsames Bachbett verlegt, in dem sie noch heute gemeinsam Richtung Odenkirchen fließen.[52]

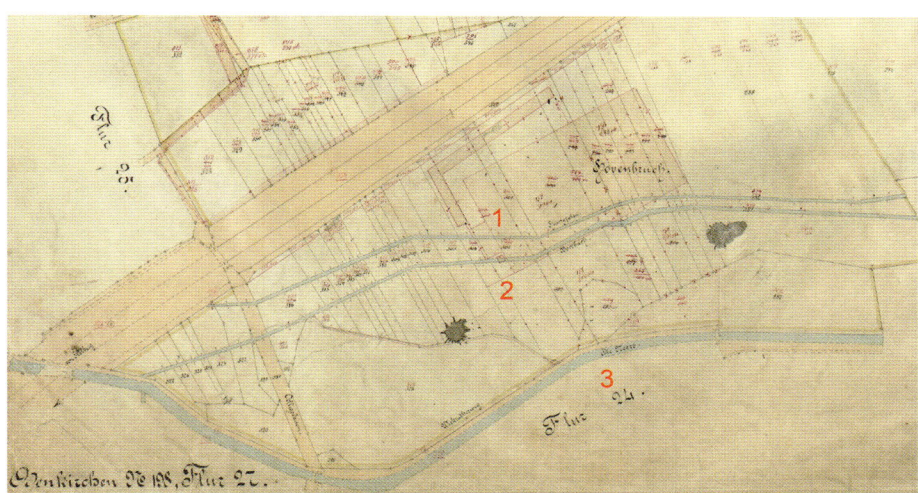

Abb. 57: Zwischen Hoven und Odenkirchen flossen der Hover Graben (1) und der Bottbach (2) früher in separaten Bachbetten. Ebenfalls auf der Karte zu sehen ist die Niers (3). Kataster von 1883.

52 Odenkirchen, Schriftenreihe, S. 829f.

Abb. 58: Das gemeinsames Bachbett von Bottbach und Hover Graben, 2013.

Abb. 59: Der Hover Graben kurz vor der Kreuzung Karlstraße / Hoemenstraße, 2013.

Kurz vor der Jülicher Straße werden die beiden Bäche wieder getrennt und fließen zunächst in Kanalrohren weiter. Der Bottbach unterquert die Gärten an der Jülicher Straße, passiert den Bleibtreuweiher und mündet in den Badhotelweiher. Der Hover Graben verläuft – zunächst kanalisiert – parallel zur Straßburger Allee, kreuzt die Jülicher Straße und kehrt zwischen Straßburger Allee und Titzer Straße wieder ans Tageslicht zurück.

Am Beginn der Straßburger Allee erhält der Hover Graben heute über den Bleibtreuweiher zusätzliches Wasser von der Niers. Das war nicht immer so. In früheren Jahren verfügte der Bleibtreuweiher über eigene Quellen. Über einen Abfluss gelangte das Wasser in den Bottbach, der wiederum in den Badhotelweiher mündete. Bei schönem Wetter staute der Wirt des nahe liegenden Badhotels den Badhotelweiher auf, um mehr Wasser für seine Badeanstalt und den Bootsbetrieb zu bekommen. Dadurch kam es zu Überschwemmungen im Bereich des Bleibtreuweihers, durch die auch Gebäude beschädigt wurden. Als Abhilfe wurde der ursprüngliche Abfluss vom Weiher in den Bottbach durch einen Graben ersetzt, über den vom Bleibtreuweiher aus mittels eines Dükers unter dem Bottbach hindurch das Wasser in den tiefer liegenden Hover Graben geleitet wurde.

Nachdem im Laufe der Zeit die Quellen des Bleibtreuweihers versiegten, wurde von der höher liegenden Niers aus ein verrohrter Zulauf zum Bleibtreuweiher geschaffen.[53]

Wie auf dem Kataster zu erkennen, gab es auf Höhe der heutigen Straßburger Allee frü-

53 Odenkirchen, Schriftenreihe, S. 831f.

her drei Weiher: den **Bleibtreuweiher**, der sich heute in den Gärten der Jülicher Straße in Privatbesitz befindet, den **Badhotelweiher** (auch **Schwanenweiher**) und den **Kreuzweiher** (auch **Großer Weiher**), der heute nicht mehr existiert.

Der Bottbach, der früher »größer und stärker« war als heute,[54] durchfloss den Badhotelweiher und den Kreuzweiher und trieb dann am nordwestlichen Ende des Kreuzweihers die Bottbachmühle an.

Der Hover Graben floss westlich an den Weihern vorbei.

Abb. 60: Der Hover Graben (1), der Bottbach (2), der Bleibtreuweiher (5), der Badhotelweiher (4) und der Kreuzweiher (3) auf dem Urkataster von 1819. Am östlichen Ende des Kreuzweihers stand die Bottbachmühle (7). Im unteren Bereich der Karte ist die Niers (6) zu sehen. Urkataster von 1819.

---

54 Rixen, Odenkirchen, S. 314.

Abb. 61: Der Badhotelweiher
in Odenkirchen, 1920.

Am Badhotelweiher gab es eine Badeanstalt, die zum Badhotel auf der
Hoemenstraße gehörte. Anfang der 1930er Jahre war das Badhotel hoch
verschuldet und es kam zur Zwangsvollstreckung. Ende der 1930er
Jahre wurde das Hotel abgerissen.

Abb. 62: Das Badhotel in
Odenkirchen, 1930.

Die **Bottbachmühle** (auch: Bottmühle), die nach ihren Pächtern bzw.
Besitzern auch Gisbertsmühle und später Schweizermühle genannt
wurde, wurde 1744 als Erbpachtmühle des Hauses Odenkirchen errichtet.[55] In Folge der Säkularisation gelangte sie 1812 in Privatbesitz.
 Obwohl es sich ursprünglich um eine Papiermühle handelte, wurde
die Bottbachmühle im 19. Jahrhundert für die Textilproduktion ver-

55 Sommer, Mühlen, S. 240.

wendet.[56] 1837 wurde sie entsprechend als Zwirnmühle bezeichnet. Besitzer zu dieser Zeit war Johann Heinrich Zillessen.[57]

1868 gelangte die Mühle an den Gerichtsschreiber Schweizer.[58] Der Mühlenbetrieb war zu diesem Zeitpunkt wahrscheinlich schon eingestellt, da in den folgenden Jahren in dem Gebäude eine Lampendochtfabrik untergebracht war. 1870 wurde auch diese Fabrik geschlossen.[59]

1895 gelangte das Gebäude in den Besitz von Wilhelm Goebels.[60]

Die Bottbachmühle wurde unterschlächtig angetrieben. Sie stand am nordwestlichen Ende des »großen Weihers«[61] und wurde vom Bottbach angetrieben, der den Großen Weiher durchfloss und unmittelbar hinter der Bottbachmühle den Hover Graben aufnahm. Der Standort entspricht dem heutigen Kreuzungsbereich der Hoemenstraße und der Straßburger Allee. Nach dem Abriss des Mühlengebäudes wurde dort von 1914 bis 1916 das Amtsgericht gebaut.[62] Am 31. August 1943 wurde bei einem Fliegerangriff der nördliche Flügel des Gebäudes zerstört, der Rest stark beschädigt. Daraufhin wurde das Amtsgericht vorrübergehend nach Rheydt verlegt. Einige Räume des Odenkirchener Amtsgerichts dienten anschließend der Aufnahme Ausgebombter. 1948/49 wurde das Gebäude wieder hergerichtet, so dass dort ab 1950 wieder das Amtsgericht untergebracht werden konnte.[63]

> Bei einer **unterschlächtig** angetriebenen Mühle passiert das Wasser das Mühlrad an der Unterseite und treibt es durch den Wasserdruck an. Bei **oberschlächtig** angetriebenen Mühlen stürzt das Wasser von oben auf das Mühlrad und treibt es durch sein Gewicht an. Bei den seltener anzutreffenden **mittelschlächtig** betriebenen Mühlen trifft das Wasser mittig auf das Mühlrad und treibt es ebenfalls durch sein Gewicht an.

Odenkirchen   Amtsgericht

Abb. 63: Das Badhotel und das Amtsgericht in Odenkirchen, 1930.

56 Vogt, Mühlen, S. 487.
57 Sommer, Mühlen, S. 240.
58 Sommer, Mühlen, S. 240.
59 Vogt, Mühlen, S. 487.
60 Sommer, Mühlen, S. 240.
61 Auch bekannt als Kreuzweiher.
62 Rixen, Odenkirchen, S. 242.
63 Rixen, Odenkirchen, S. 242f.

1961 wurde das Amtsgericht in Odenkirchen aufgelöst. 1972 wurde das Gebäude abgerissen.[64]

Vor der Trockenlegung des Kreuzweihers wurde zwischen dem Badhotel- und dem Kreuzweiher ein Graben geschaffen, über den das Wasser vom Badhotelweiher in den **Hover Graben** geleitet wurde.

Abb. 64: Die Bottbachmühle und der Kreuzweiher (»Der große Weiher«) auf einer Zeichnung von 1887. Der »große Weiher« wurde nachträglich eingefärbt.

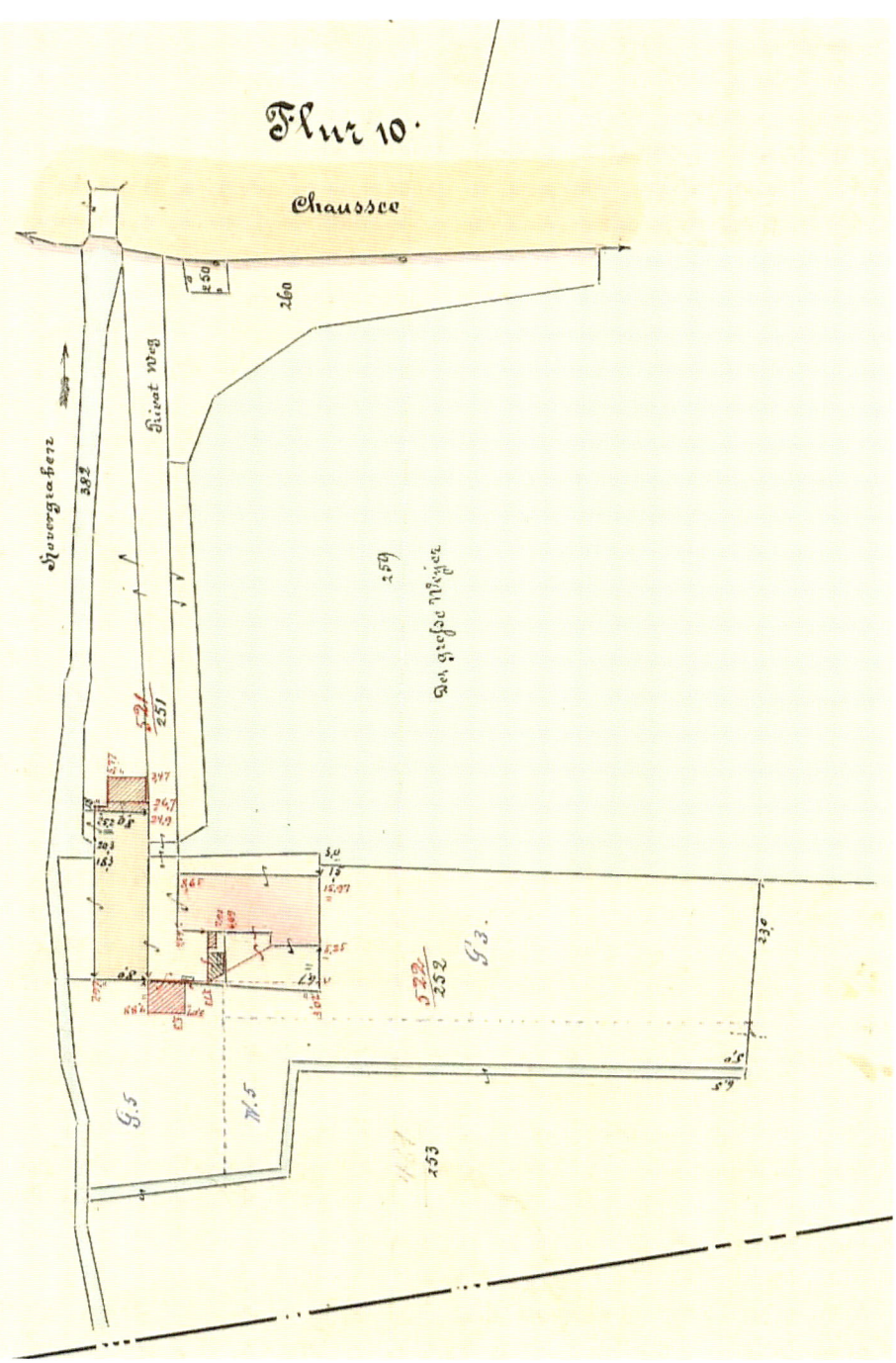

64 Odenkirchen, Heimatverein.

Hinter der Bottbachmühle vereinigte sich der Bottbach mit dem Hover Graben. Diese Mündung lag später auf dem Gelände des Amtsgerichts. Von dort aus floss der Bottbach parallel zur heutigen Duvenstraße in Richtung Bell. Dies ist auch heute noch so:

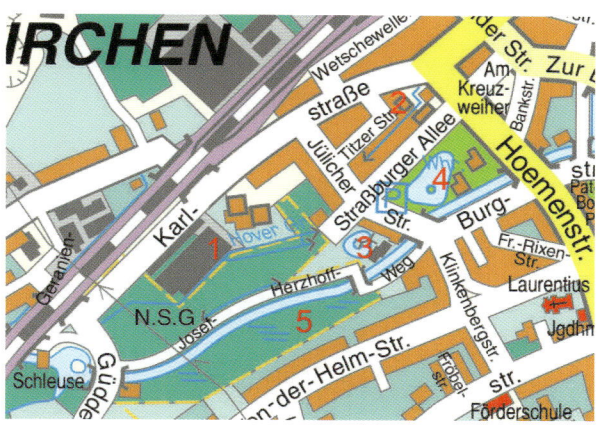

Abb. 65: Der Bottbach (1) fließt heute teilweise in einem gemeinsamen Bachbett mit dem Hover Graben (1 und 2) in Richtung Odenkirchen. Ebenfalls auf der Karte zu sehen sind der Bleibtreuweiher (3), der Badhotelweiher (4) und die Niers (5). Der Kreuzweiher (»Am Kreuzweiher«, rechts oben auf der Karte) existiert heute nicht mehr. Die Bottbachmühle stand im heutigen Kreuzungsbereich der Hoemenstraße mit der Straßburger Allee. Amtliche Stadtkarte Mönchengladbach, 2015.

der Bottbach durchquert den Badhotelweiher, fließt hinter ihm kanalisiert weiter und vereinigt sich im Kreuzungsbereich der Hoemenstraße und der Karlstraße im Kanalsystem mit dem Hover Graben.

Von dort aus folgt der Bottbach in der Kanalisation etwa seinem alten Bachbett und fließt parallel zur Duvenstraße Richtung Norden.

Früher mündete der Bottbach kurz hinter der Beller Mühle in die Niers. In diesem Mündungsbereich gab es zeitweise mehrere Gräben, die in den Bottbach mündeten.

Heute verlässt der Bottbach im Beller Park die Kanalisation und mündet in den Großen Weiher.

Abb. 66: Der Große Weiher im Beller Park, 2010.

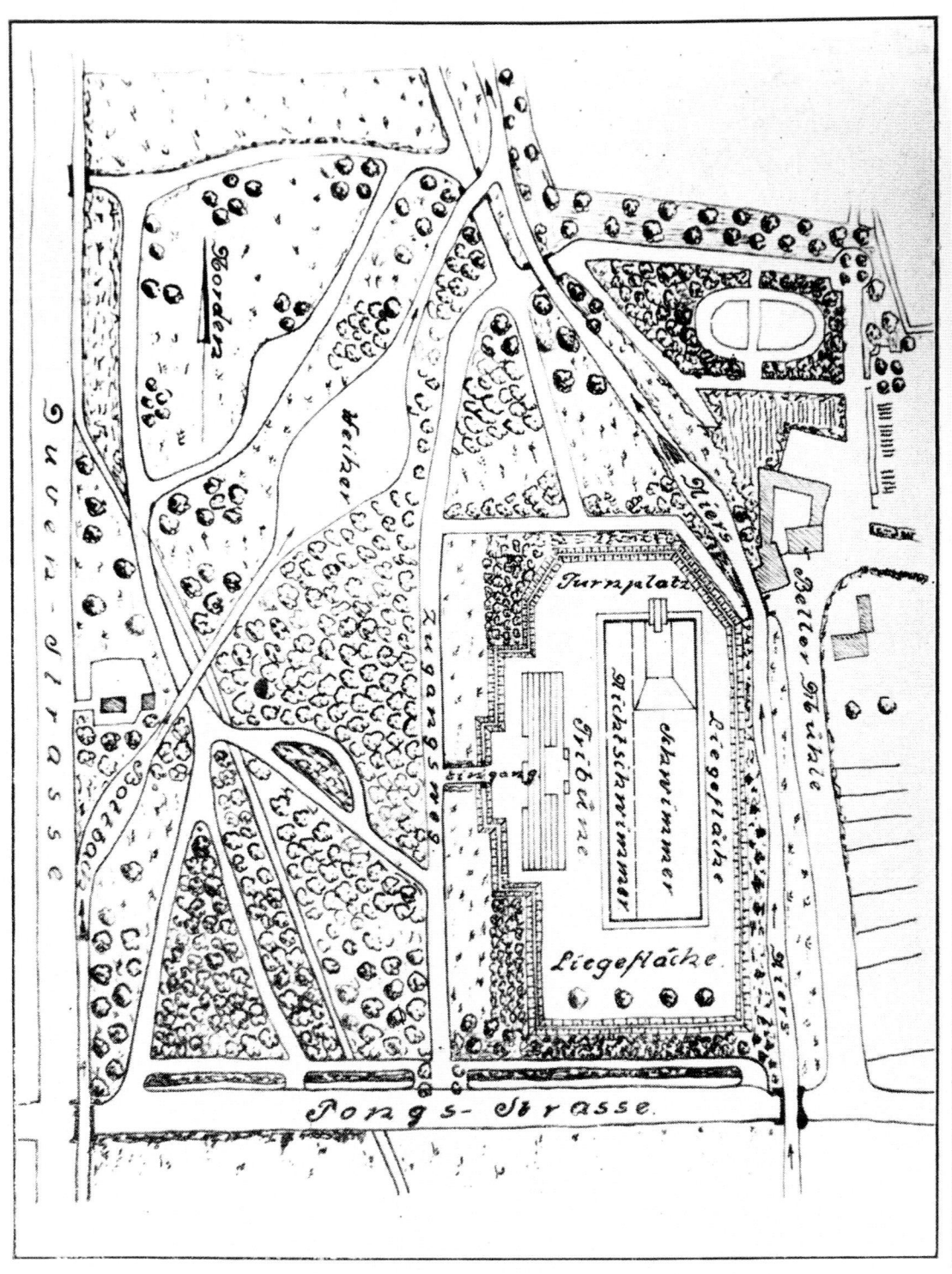

Abb. 67: Der Bottbach (von links unten kommend) durchfloss einen Weiher und mündete hinter der Beller Mühle in die Niers. Zeichnung von 1930.

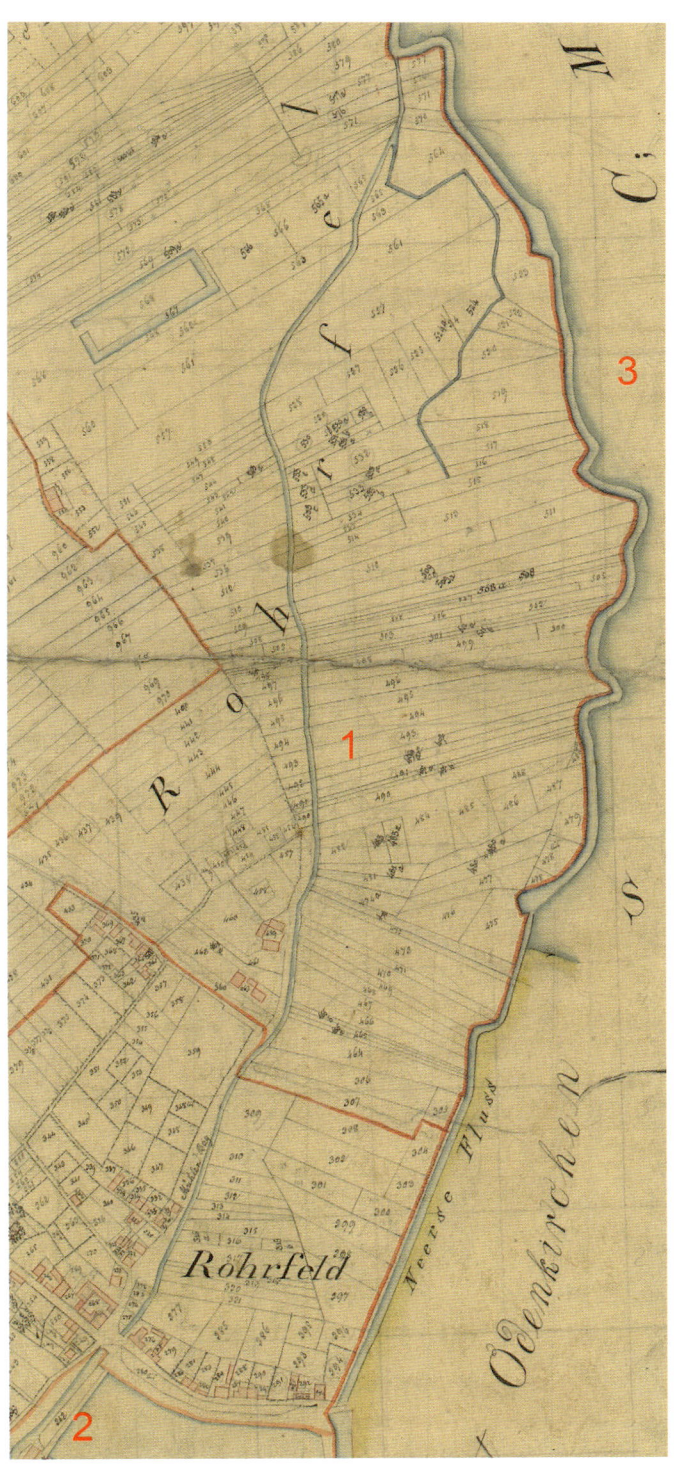

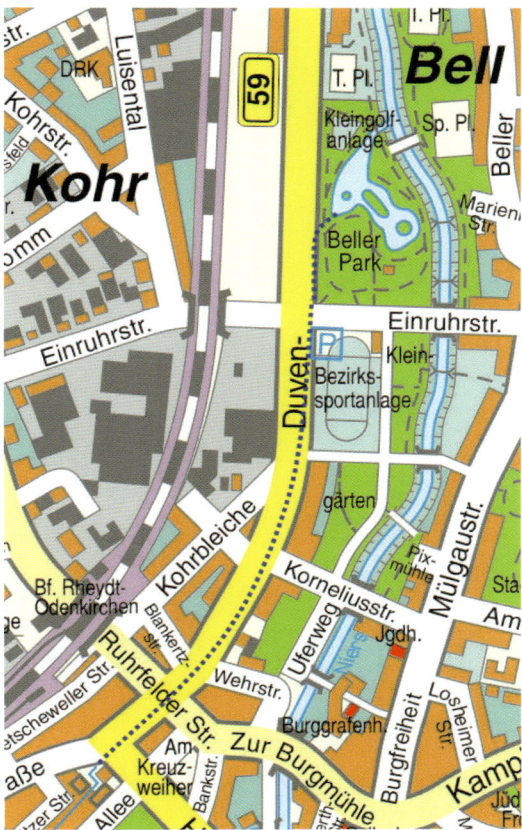

Abb. 68: Verlauf des Bott-bachs (1) von der Bottbach-mühle (2) bis zur Mündung in die Niers (3). Urkataster von 1819.

Abb. 69: Heute mündet der kanalisierte Bottbach in den Großen Weiher im Beller Park. Amtliche Stadtkarte Mönchengladbach, 2015.

Abb. 70: Mündung des Bott-bachs in den Großen Weiher im Beller Park, 2010.

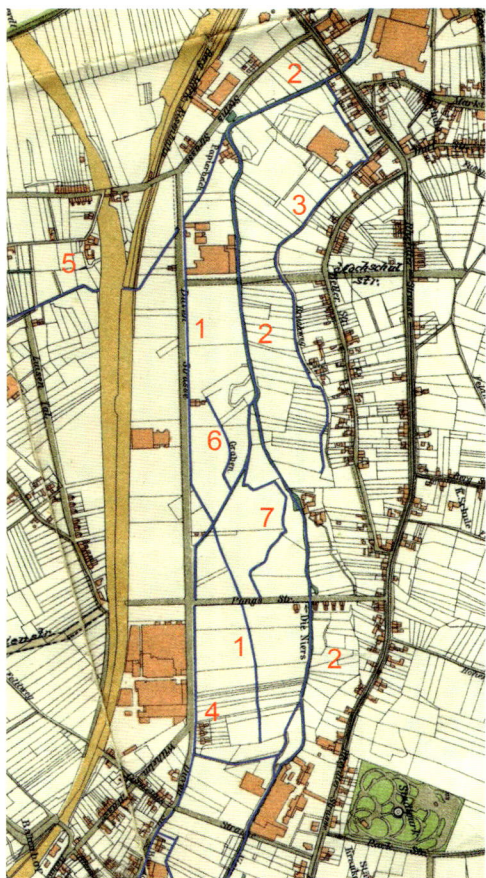

Abb. 71: Die Gewässersitu-
ation in Bell im Jahr 1909:
Rohrfeldgraben (1), Niers (2),
Beller Bach (3), Bottbach (4),
Papierbach (5), Gräben (6, 7).
Karte von 1909.

Wie auf einer Karte aus dem Jahr 1909 zu erkennen ist, gab
es früher in Bell einige kleinere Gräben, die alle in die
Niers bzw. in den Papierbach mündeten. Einer dieser sonst
namenlosen Gräben wurde **Rohrfeldgraben** genannt.

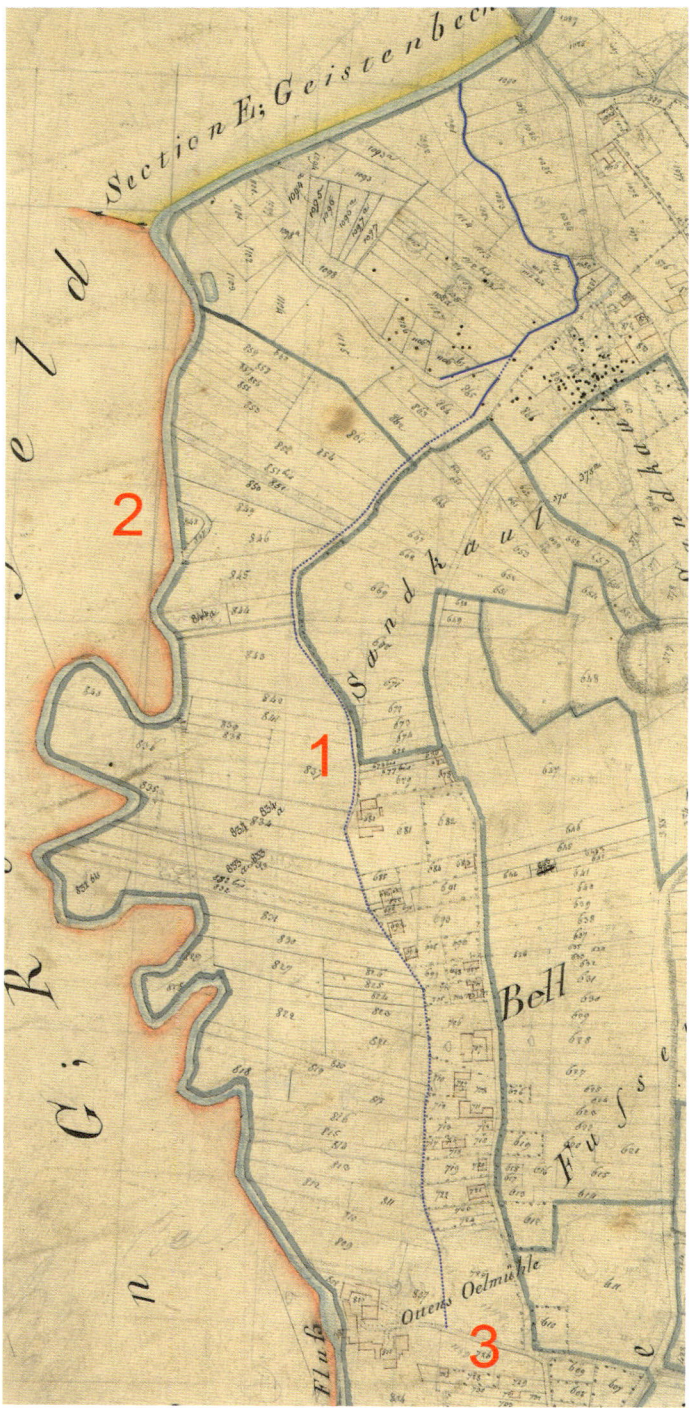

Abb. 72: Der Verlauf des Beller Bachs (1) im Jahr 1819 von
seiner Quelle nördlich der
Beller Mühle (3) (auch Ottens
Mühle) bis zur Mündung in
die Niers (2). Urkataster von
1819.

In der ehemaligen Honschaft Bell, zwischen Odenkirchen und Mülfort, entsprang nördlich der Beller Mühle[65] der **Beller Bach**. Er floss von der Mühle aus in nördliche Richtung entlang des ehemaligen Bruchwegs, parallel zur heutigen Beller Straße. Anschließend querte er die heutige Kochschulstraße, floss entlang der Straße »Am Beller Bach« und mündete kurz vor der Mülgaustraße in die Niers.

Heute ist vom Beller Bach nichts mehr zu sehen. Als im Beller Park die Tennis- und Sportanlagen und der Kinderspielplatz angelegt wurden, musste der Beller Bach weichen[66] und wurde in die Kanalisation verlegt.

Abb. 73: Nördlich der Beller Mühle entsprang der Beller Bach, 1930.

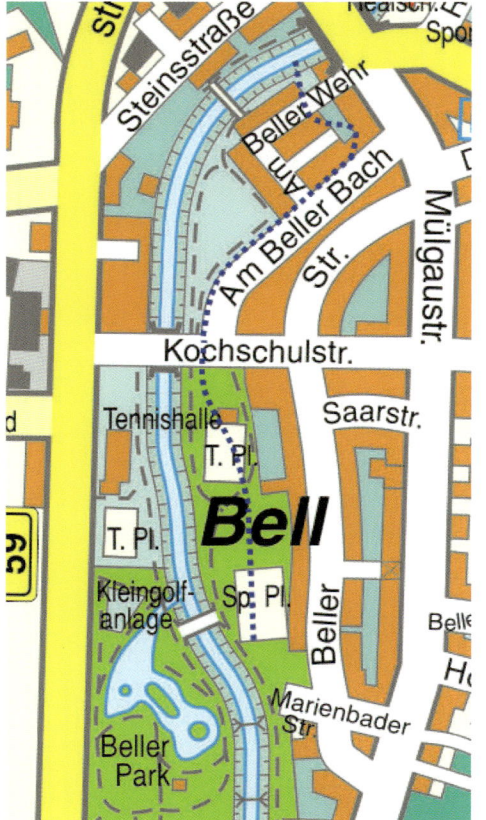

Abb. 74: Der ehemalige Verlauf des Beller Bachs. Amtliche Stadtkarte Mönchengladbach, 2015.

65 Informationen zur Beller Mühle finden Sie in: Lünendonk, Niers, S. 96f.
66 Odenkirchen, Schriftenreihe, S. 833.

Abb. 75: Der Papierbach im Geistenbecker Bruch, 2015.

Die Quelle des **Papierbachs** ist auf den ältesten vorliegenden Karten zwischen Hockstein und Geistenbeck eingezeichnet: etwa dort, wo heute die Bahnstrecke von Rheydt nach Aachen verläuft. Der Überlieferung nach soll sich die erste Quelle früher weiter westlich in Hockstein befunden haben.[67] Von der Quelle aus schlängelte sich der Papierbach in östlicher Richtung durch den Geistenbecker Bruch. Er entwässerte Hockstein und Geistenbeck.[68] Heute beginnt der Papierbach auf dem Gelände des Wasserwerks an der Ecke Reststrauch und Böningstraße, unterquert den Reststrauch und fließt entlang des Geistenbecker Rings durch den Geistenbecker Bruch. Anschließend unterquert er den Stapper Weg und fließt weiter parallel zum Geistenbecker Ring. Kurz vor der Straße »Luisental« verschwindet er schließlich in der Kanalisation.

Zwischen der Geistenbecker Straße und der Gerberstraße stand früher die Geistenbecker Papiermühle.

Die **Geistenbecker Papiermühle**, die dem Papierbach seinen Namen gab, gehörte dem Haus Odenkirchen und wurde 1723 zum ersten Mal urkundlich erwähnt. In einem Vertrag zwischen dem Grafen von und zu Merode und dem Papiermacher Nikolaus Greeven wurde vereinbart, dass Greeven die zwischenzeitlich stillgelegte Mühle wieder in Gang setzen sollte.[69] Daraus lässt sich schließen, dass die Mühle schon vor 1723 bestand. Der vorherige Pächter – Greevens Vater Wilhelm, der seit 1716 auch die Papiermühle in Wickrath betrieb[70] – hatte sich 1720 auf Grund geschäftlicher und ehelicher Probleme ins Bergische Land

67 Odenkirchen, Schriftenreihe, S. 833.
68 Rixen, Odenkirchen, S. 314.
69 Kuhlen, Wickrath, S. 154.
70 Kuhlen, Wickrath, S. 154.

abgesetzt.[71] Bis zu ihrer Schließung in der zweiten Hälfte des 19. Jahrhunderts blieb die Familie Greeven Pächter der Mühle.[72]

Im Rahmen der Säkularisation wurden Anfang des 19. Jahrhunderts das Schloss Odenkirchen sowie zugehörige Gebäude und Ländereien verkauft. Adam Greven aus Odenkirchen – wahrscheinlich ein Mitglied der oben erwähnten Familie Greeven – kaufte in diesem Rahmen zwei Hektar Papiermühlenbusch.[73] Es ist anzunehmen, dass die Familie Greeven auch die Geistenbecker Papiermühle erwarb.

Die Mühle stand am linken Ufer des Papierbachs und wurde unterschlächtig betrieben. Sie diente zur Herstellung von Schreibpapier und Pappe. Die Geistenbecker Papiermühle existiert schon lange nicht mehr. An ihrer Stelle wurde später die Lederfabrik Brand errichtet, heute befindet sich dort ein Autohaus.

Hinter der Papiermühle floss der **Papierbach** zunächst gerade und im weiteren Verlauf geschlängelt durch den Geistenbecker Bruch. Schließlich knickte er nach Norden ab und floss weiter Richtung Steinsmühle.[74] Unmittelbar hinter der Steinsmühle mündete der Papierbach in die Niers.

Heute ist der Papierbach von der Straße »Luisental« bis zur Mündung in die Niers kanalisiert.

Abb. 76: Der Papierbach kurz vor seinem Eintritt in die Kanalisation, 2015.

71 Vogt, Mühlen, S. 481.
72 Vogt, Mühlen, S. 489.
73 Klompen, Säkularisation, S. 183.
74 Detaillierte Informationen zur Steinsmühle finden Sie in: Lünendonk, Niers.

Abb. 77: Der Verlauf des Papierbachs auf dem Urkataster von 1819. In der Bildmitte ist die Papiermühle zu sehen. Die Steinsmühle und die Mündung des Papierbachs in die Niers sind rechts oben zu erkennen. Die Abbildung wurde aus zwei Blättern des Urkatasters zusammen gesetzt. Urkataster von 1819.

Abb. 78: Der Verlauf des Papierbachs heute. Amtliche Stadtkarte Mönchengladbach, 2015.

Rund um den Mühlenbach

Mühlenbach (Alsbach, Ahlsbruch, Gripekovener Bach, Heidchesbach, Ollsbrucher Bach), Buchholzer Wassersoth (Kipshofer Soth, Kipshover Wellet), Ahlsbruchbach, Sittardgraben (Sittardter Heidgraben, Bach von Hildrath), Burg Gripekoven, Eickelnberger Mühle, Woofersoth, Gatzweiler Vollmühle

Der heute als **Mühlenbach** bekannte Bach hieß in früheren Jahren Alsbach. Doch als die Stadt Rheindahlen im Jahr 1921 in die Stadt Mönchengladbach eingemeindet wurde, gab es ein Problem: im Mönchengladbacher Stadtteil Eicken entsprang ein Bach, der ebenfalls den Namen Alsbach trug. Um Verwechselungen zu vermeiden, wurde der Rheindahlener Alsbach daher in Mühlenbach umbenannt. Seinen neuen Namen verdankte der Mühlenbach den zahlreichen Mühlen, die er einst antrieb. Zwei dieser Mühlen standen auf heutigem Mönchengladbacher Stadtgebiet.

Es lässt sich leider nicht mit Sicherheit sagen, wo genau der Mühlenbach einst entsprang. Auf dem Urkataster sind zwei Quellgebiete auszumachen: die »Baassittardt«[75] und Herrath.

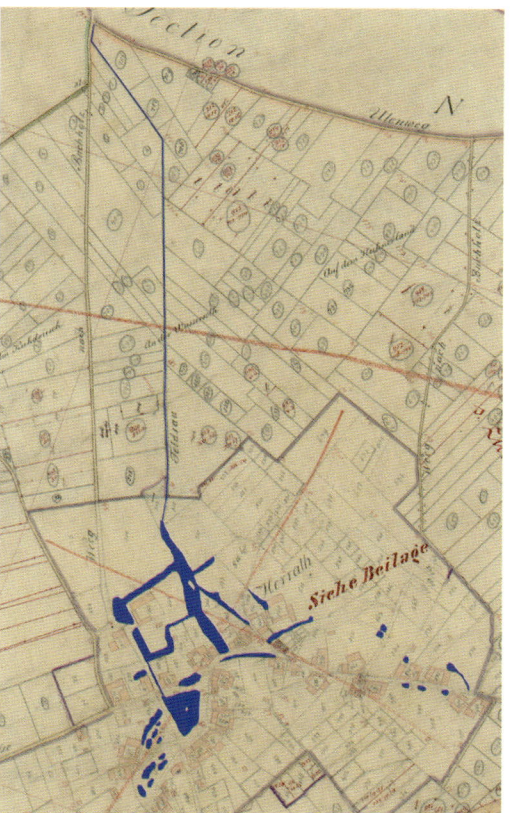

Die Namen Alsbach und Mühlenbach sucht man auf dem Urkataster vergebens. Vielmehr trägt der Mühlenbach auf dieser Karte abschnittsweise unterschiedliche Namen.

Wie auf dem Urkataster zu erkennen ist, war Herrath früher sehr wasserreich. Zahlreiche Weiher, die größtenteils miteinander verbunden waren, durchzogen das Dorf. Am nördlichen Ende dieser Weiher nahm eine Wassersoth ihren Anfang, die heute den

Abb. 79: Die Weiher und die Wassersoth in Herrath. Urkataster von 1812.

75   Heute: Buchholzer Wald.

Abb. 80: Der Mühlenbach beginnt heute in Herrath, 2015.

Anfang des Mühlenbachs darstellt.

Von den Weihern ist in Herrath heute nichts mehr zu sehen. Der Mühlenbach jedoch tritt in Herrath an der Seidenweberstraße, nahe der Kreuzung mit der Straße »Herrather Linde«, an die Erdoberfläche. Seine natürlichen Quellen sind schon lange versiegt. Gespeist wird er nur noch von Regenwasser und über zwei Einleitungsstellen bei Merreter, über die ihm aufbereitetes Sümpfungswasser zugeführt wird.[76]

Abb. 81: Heute tritt der Mühlenbach in Herrath an der Seidenweberstraße an die Erdoberfläche. Amtliche Stadtkarte Mönchengladbach, 2015.

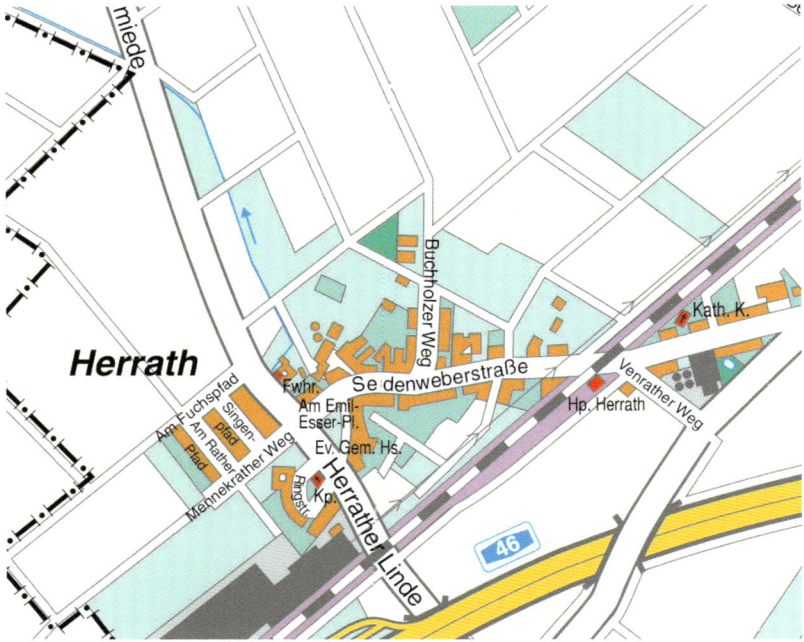

76 Stadt Mönchengladbach, Fachbereich Umweltschutz und Entsorgung, Stand: Juni 2015.

Von Herrath aus fließt der Mühlenbach Richtung Norden, passiert Buchholz und knickt dann vor Genholland nach Westen ab. Ab Genholland fließt er im Flussbett der ehemaligen **Buchholzer Wassersoth**.

Auf dem Urkataster von 1812 lässt sich der Verlauf des Mühlenbachs[77] von Herrath bis Buchholz nachverfolgen. Nördlich von Buchholz nahm er über mehrere Gräben weiteres Wasser aus Buchholz auf und endete dann. Es ist aber anzunehmen, dass es schon damals eine Verbindung zur Buchholzer Wassersoth gab.

Abb. 82: Die in Herrath beginnende Wassersoth (1) hatte wahrscheinlich schon 1812 eine Verbindung (3) zur Buchholzer Wassersoth (2). Urkataster von 1812.

77 Wassersoth.

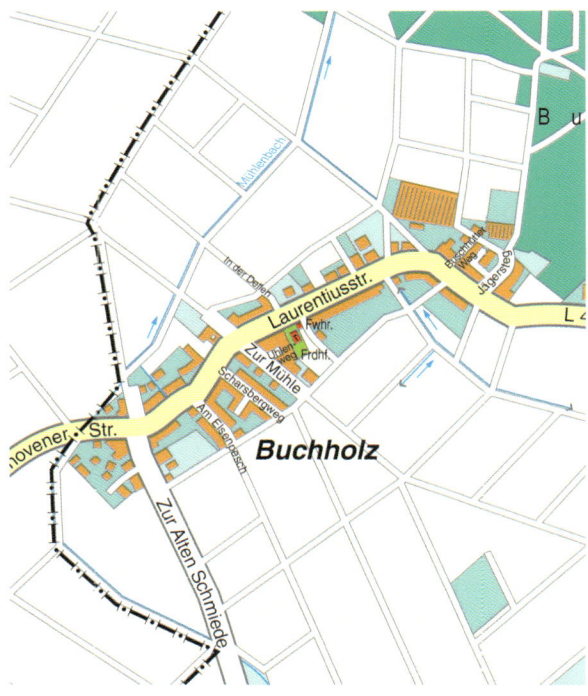

Abb. 83: Heutiger Verlauf des Mühlenbachs auf der Höhe von Buchholz. Amtliche Stadtkarte Mönchengladbach, 2015.

Abb. 84: Das trockene Bachbett des Mühlenbachs zwischen Herrath und Buchholz, 2015.

Die Buchholzer Wassersoth hatte ihren Ursprung in der »Baassittardt«[78], die früher von zahlreichen Wasserläufen und Gräben durchzogen war. Diese dienten der Entwässerung des Waldes und vereinten sich unter anderem zur Buchholzer Wassersoth.

78 Heute: Buchholzer Wald.

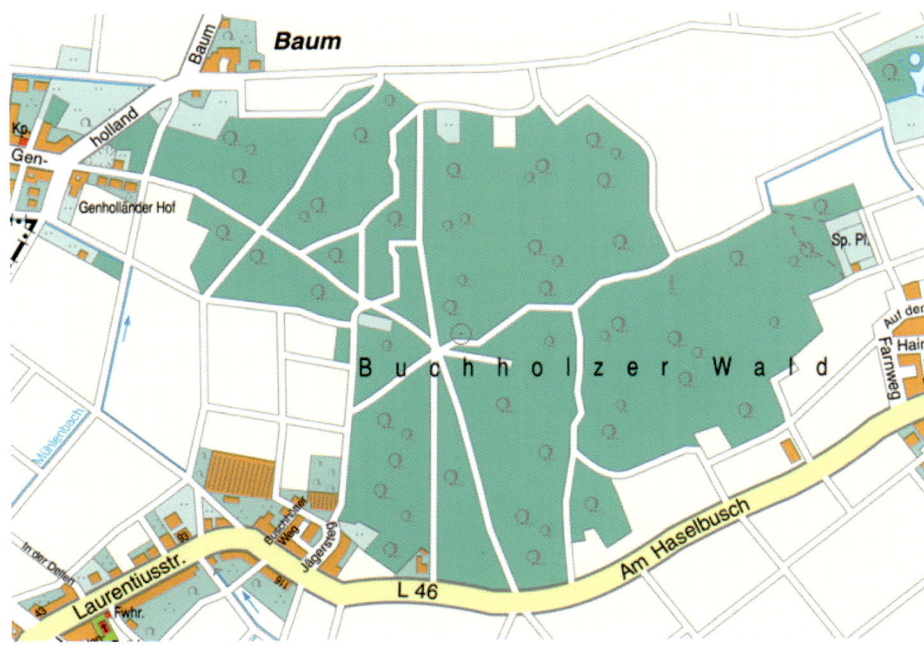

Abb. 85: Die Buchholzer Wassersoth (1) und der Ahlsbruchbach (2) hatten beide ihren Anfang in der Baassittardt (heute: Buchholzer Wald). Urkataster von 1820.

Abb. 86: Der Buchholzer Wald. Amtliche Stadtkarte Mönchengladbach, 2015.

Bei Genholland vereinigte sich die von Herrath kommende Wasser-soth mit der Buchholzer Wassersoth und floss Richtung Westen nach Kipshoven. Der Abschnitt zwischen Genholland und Kipshoven wird auf dem Urkataster zunächst als »Kipshofer Soth« und danach als »Kipshover Wellet« bezeichnet.

Abb. 87: Der Mühlenbach zwischen Buchholz und Genholland, 2015.

Die Buchholzer Wasser-soth existiert heute nicht mehr, aber der Mühlenbach fließt ab Genholland heute noch in ihrem Bachbett.

Bei Kipshoven wendete sich der Mühlenbach nach Norden und nahm kurz hinter Kipshoven den **Ahls-bruchbach** auf. Dieser Ver-lauf hat sich bis heute nicht wesentlich geändert.

Abb. 88: Der Verlauf des Mühlenbachs (Kipshover Wellet) auf Höhe von Kipshoven. Hauptkarte der Bürgermeisterei Beek, 1826.

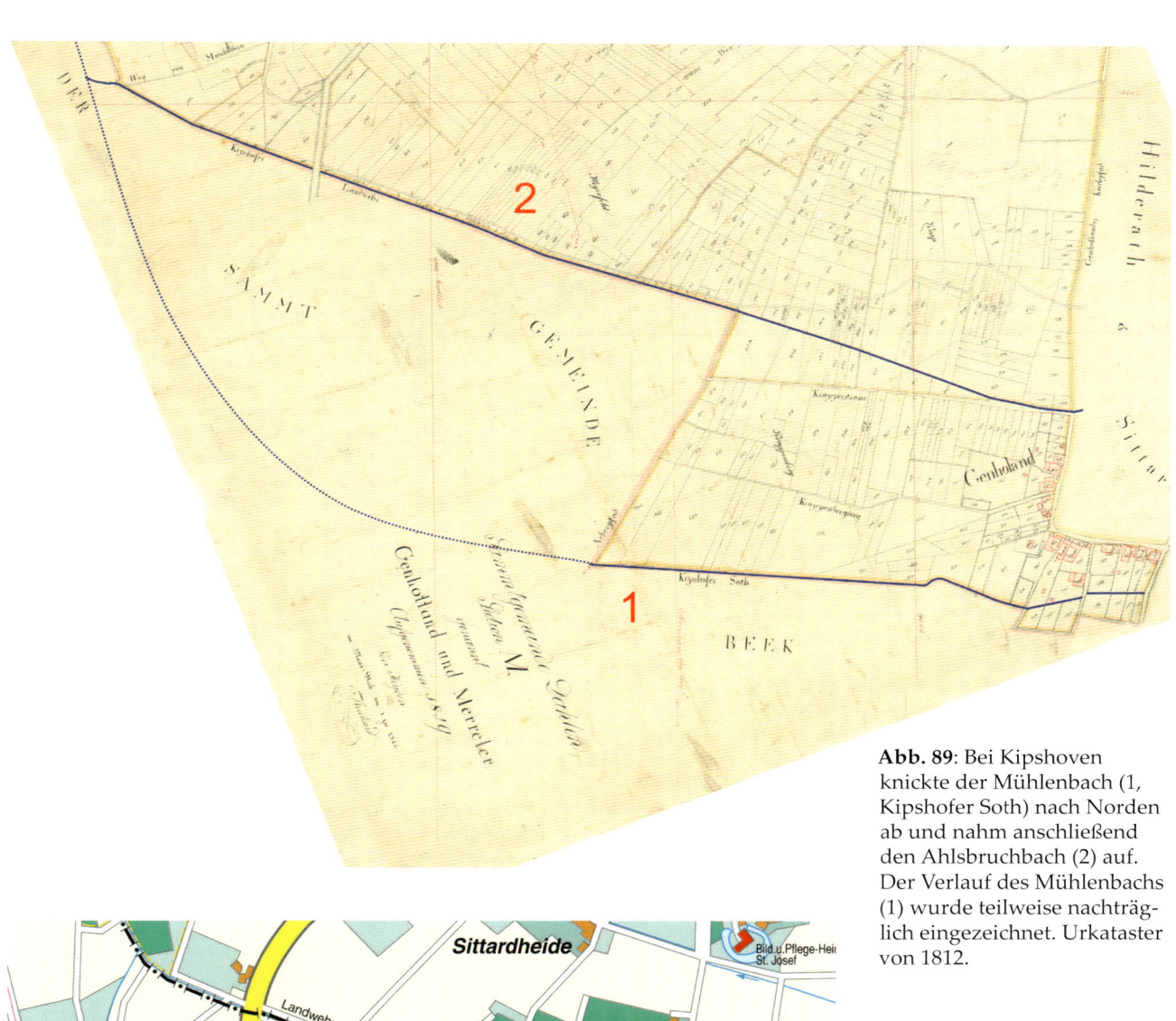

Abb. 89: Bei Kipshoven knickte der Mühlenbach (1, Kipshofer Soth) nach Norden ab und nahm anschließend den Ahlsbruchbach (2) auf. Der Verlauf des Mühlenbachs (1) wurde teilweise nachträglich eingezeichnet. Urkataster von 1812.

Abb. 90: Der Verlauf des Mühlenbachs von Genholland bis zur Mündung des Ahlsbruchbachs. Amtliche Stadtkarte Mönchengladbach, 2015.

Abb. 91: Der Ahlsbruchbach beginnt heute bei Baum, 2015.

Der Ahlsbruchbach hatte genau wie die Buchholzer Wassersoth sein Quellgebiet in der »Baassittard«[79]. Er passierte die Ortsteile Baum und Genholland, floss entlang der »Kipshofer Landwehr« und mündete kurz vor der Grenze zu Beek in den Mühlenbach.

Der Verlauf des Ahlsbruchbachs hat sich bis heute nicht geändert, jedoch beginnt er nicht mehr im Buchholzer Wald, sondern erst bei Baum.

Abb. 92: Der Verlauf des Mühlenbachs nördlich von Kipshoven. Karte von 1824.

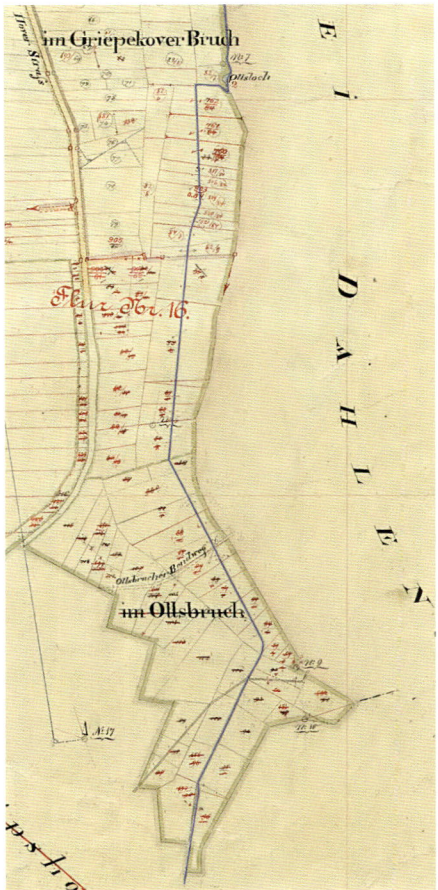

Bis Kipshoven ist der **Mühlenbach** heute als schmaler Graben zu erkennen, der nur bei starkem Regen Wasser führt. Nördlich von Kipshoven wird dem Mühlenbach künstlich Wasser zugeführt, so dass er erst ab dort als Bach wahrnehmbar wird.

Im Weiteren verläuft der Mühlenbach in Richtung Norden, vorbei an Schriefersmühle, Merreter, Knoor und Gripekoven. Zwischen Merreter und Knoor nimmt der Mühlenbach beim Kamphof den von Hilderath kommenden **Sittardgraben** auf. Der Verlauf des Sittardgrabens ist von 1812 bis heute nahezu identisch geblieben: er beginnt bei Hilderath, passiert Sittard, durchfließt Sittardheide, Schriefers und Merreter, passiert den Kamphof und mündet anschließend in den Mühlenbach.

79 Heute: Buchholzer Wald.

Abb. 93: Der Mühlenbach bei Ellinghoven, 2015.

Abb. 94: Der Verlauf des Sittardgrabens (1) von Hilderath bis zu seiner Mündung in den Mühlenbach (2) beim Kamphof. Die Karte wurde aus zwei Blättern des Urkatasters zusammengesetzt. Urkataster von 1819.

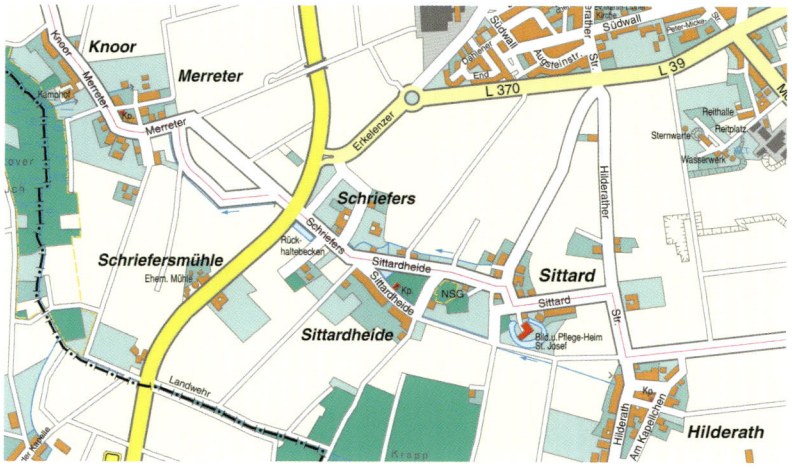

Abb. 95: Auch heute noch verläuft der Sittardgraben von Hilderath bis zum Mühlenbach. Amtliche Stadtkarte Mönchengladbach, 2015.

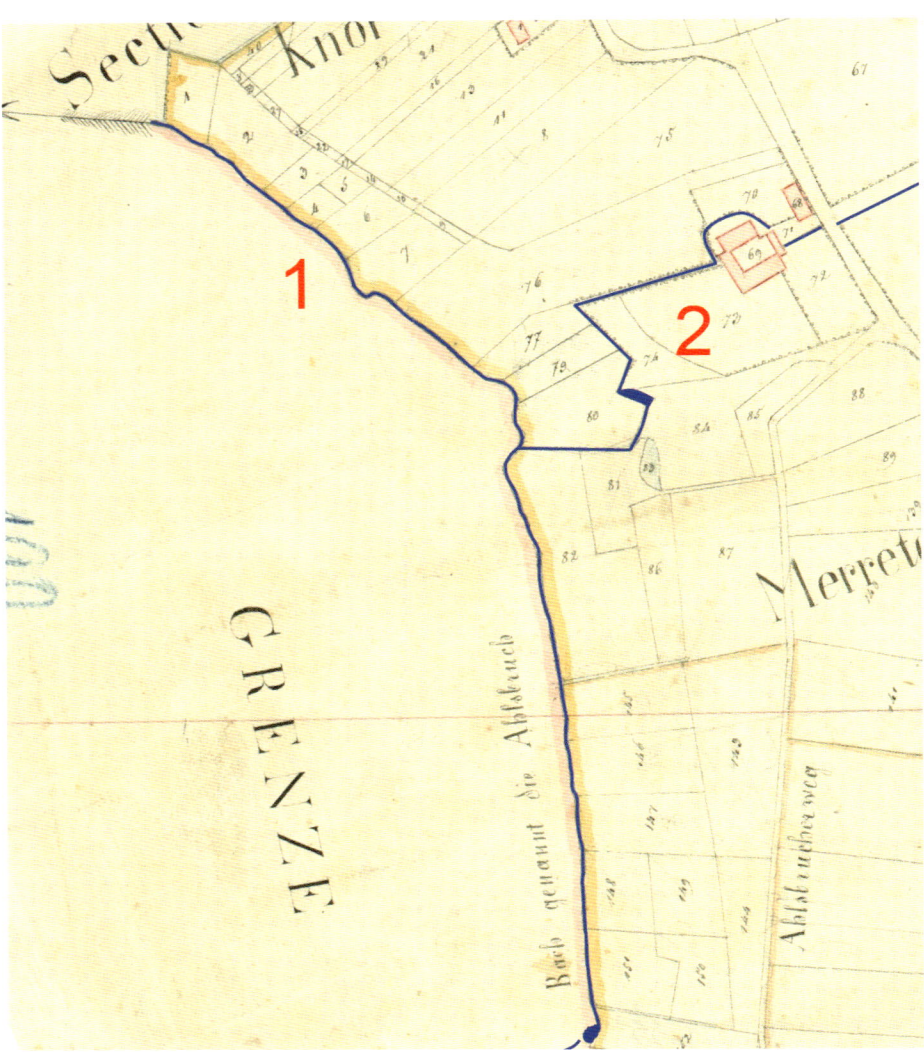

Abb. 96: Die Mündung des Sittardgrabens (2) in den Mühlenbach (1) beim Kamphof, Urkataster von 1812.

Abb. 97: Der Verlauf des Mühlenbachs nördlich von Kipshoven. Beim Kamphof nimmt der Mühlenbach den Sittardgraben auf. Amtliche Stadtkarte Mönchengladbach, 2015.

Abb. 98: Der Sittartgraben auf Höhe von Sittartheide, 2015.

Etwa auf Höhe von Merreter stand früher in der Bürgermeisterei Beek die **Burg Gripekoven**, zu der auch eine Wassermühle – die Eickelnberger Mühle – gehörte.

Gerhard von Engelsdorf, der auch als Ritter für den Grafen Gerhard V. von Jülich und als Berater des Erzbischofs Walram von Jülich tätig war, kaufte um 1303/4 den alten Burghof der Herren von Gripekoven. Unter anderem durch Geldgeschäfte zu großem Reichtum gekommen, ließ er vermutlich zwischen 1304 und 1326 bei Gripekoven die Burg Gripekoven errichten. Bei der Burg handelte es sich für die damalige Zeit um eine von der Größe und der Mächtigkeit her außergewöhnliche Anlage.[80] Die Burg stand etwa 200 m östlich von Gripekoven. Die gesamte Anlage hatte eine Länge von etwa 1.300 m und an der breitesten Stelle eine Breite von etwa 250 m. Im Zentrum der Anlage standen der Burgfried und der Palas[81], die durch Wehrmauern, Wälle und Dämme geschützt wurden. Dazu kamen ein Vortor-Turm, Außentürme und die Gebäude des alten Burghofes Altgripekoven.[82] Nur dem hohen Ansehen Gerhards war es wohl zu verdanken, dass solch eine große Anlage von den angrenzenden Fürsten akzeptiert wurde.

Nach Gerhards Tod 1343 fiel die Burg an seinen Sohn Edmund und dessen Schwester Agnes. Markgraf Wilhelm V. von Jülich versuchte 1348 die Burg zu kaufen, scheiterte jedoch. Seine Macht in (Rhein) Dah-

80 Mennen, Gripekoven II, S. 18.
81 Ein repräsentativer Saalbau.
82 Mennen, Gripekoven II, S. 39.

len baute er jedoch 1352 aus, als er von Agnes die Hoch-Gerichtsbarkeit erwarb.[83]

1349 kam es in Jülich zu einem Aufstand der wirtschaftlich absteigenden Ritterschaft, nachdem Wilhelm versucht hatte, deren Rechte zu beschneiden. Daraufhin wurde Wilhelm von seinen Söhnen, die sich auf die Seite der Ritterschaft geschlagen hatten, festgesetzt und erst nach einer Geldzahlung wieder freigelassen.[84] Der 1351 beschlossene Landfriedensbund grenzte die Rechte der Ritterschaft noch weiter ein, indem er das allgegenwärtige Fehderecht beschnitt.

> Das **Fehderecht** erlaubte es, dass Rechtsbrüche direkt zwischen Geschädigtem und Schädiger geregelt werden konnten, ohne übergeordnete Instanzen einzuschalten.

Schließlich besetzten 44 abtrünnige Ritter die Burg Gripekoven. Angeblich sollen sie von dort aus als »Raubritter« ihr Unwesen getrieben haben, was nach heutiger Erkenntnis jedoch zweifelhaft erscheint. Im April 1354 schlossen der Markgraf Wilhelm von Jülich und Graf Dietrich von Loen[85] einen Vertrag mit dem Erzbischof von Köln, dem Herzog Johan von Brabant und den Bürgermeistern, Schöffen und Räten der Städte Köln und Aachen: die Burg und Festung Gripekoven »mit zu belagern und zu besetzen«[86]. Dazu sollten etwa 1.000 Soldaten und Helfer notwendig sein. Unter diesem Druck knickten die Belagerten im Juni 1354 ein und übergaben die Burg an den Markgrafen, der die Burg anschließend »schleifen«[87] ließ. Warum er die Burg sofort abreißen ließ, ist unklar.[88]

Ob nun tatsächlich »Raubritter« oder doch nur machtpolitische Interessen die Ursache für den Untergang der Burg Gripekoven waren, lässt sich nicht mit Sicherheit sagen. Bemerkenswert ist jedoch, dass keiner der »Raubritter« bestraft wurde. Lediglich eine Schadensersatzzahlung an einen geschädigten Kaufmann war zu leisten. Edmund von Engelsdorf, der rechtmäßige Eigentümer der Burg, wurde mit zwei anderen Burgen entschädigt.[89]

Über die **Eickelnberger Mühle** ist leider wenig bekannt. Sie stand in Mönchengladbach Eickelnberg und gehörte wahrscheinlich zur Burg Gripekoven. Ob die Mühle Mitte des 14. Jahrhunderts zusammen mit der Burg abgerissen und dann später wieder aufgebaut wurde ist nicht bekannt.

Edmund von Engelsdorf, der die Burg Gripekoven von seinem Vater geerbt hatte, erhielt 1373 den Mühlenbann, der durch Vererbung bis zum Ende des 17. Jahrhunderts im Besitz der Erben von Engelsdorfs blieb.

83 Mennen, Gripekoven II, S. 67ff.
84 Mennen, Gripekoven II, S. 71.
85 Herr von Heinsberg und Blankenberg
86 Mennen, Gripekoven II, S. 73 ff.
87 = abreißen.
88 Mennen, Gripekoven II, S. 77 ff.
89 Mennen, Gripekoven II, S. 89 ff.

Der **Mahlzwang**, **Mühlenzwang** bzw. **Mühlenbann** verpflichtete alle Untertanen eines Grundherren bzw. Bewohner eines festgelegten Bezirks, ihr Getreide ausschließlich auf dieser Mühle mahlen zu lassen. Man nannte diese Mühle dann auch **Bannmühle**.

Es ist überliefert, dass die Eickelnberger Mühle bis 1549 in Betrieb war und dann stillgelegt wurde.[90] Wahrscheinlich reichte der Wasserdruck des Mühlenbachs nicht mehr aus, um ein Mühlrad anzutreiben. Später ist die Eickelnberger Mühle verfallen und wurde schließlich abgerissen.

Abb. 99: Der Mühlenbach auf Höhe von Eickelnberg (Eichelnberg) um 1812. Von der Eickelnberger Mühle war damals schon nichts mehr zu sehen. Urkataster von 1812.

90 Jungbluth, Elsner, S. 70.

Abb. 100: Der Mühlenbach auf der Höhe von Eickelnberg heute. Amtliche Stadtkarte Mönchengladbach, 2015.

Hinter Eickelnberg wendet sich der Mühlenbach Richtung Westen, nimmt die von Woof kommende **Woofersoth** auf und durchfließt bei Gatzweiler den Mühlenweiher der Gatzweiler Vollmühle, die heute noch in Teilen erhalten ist.

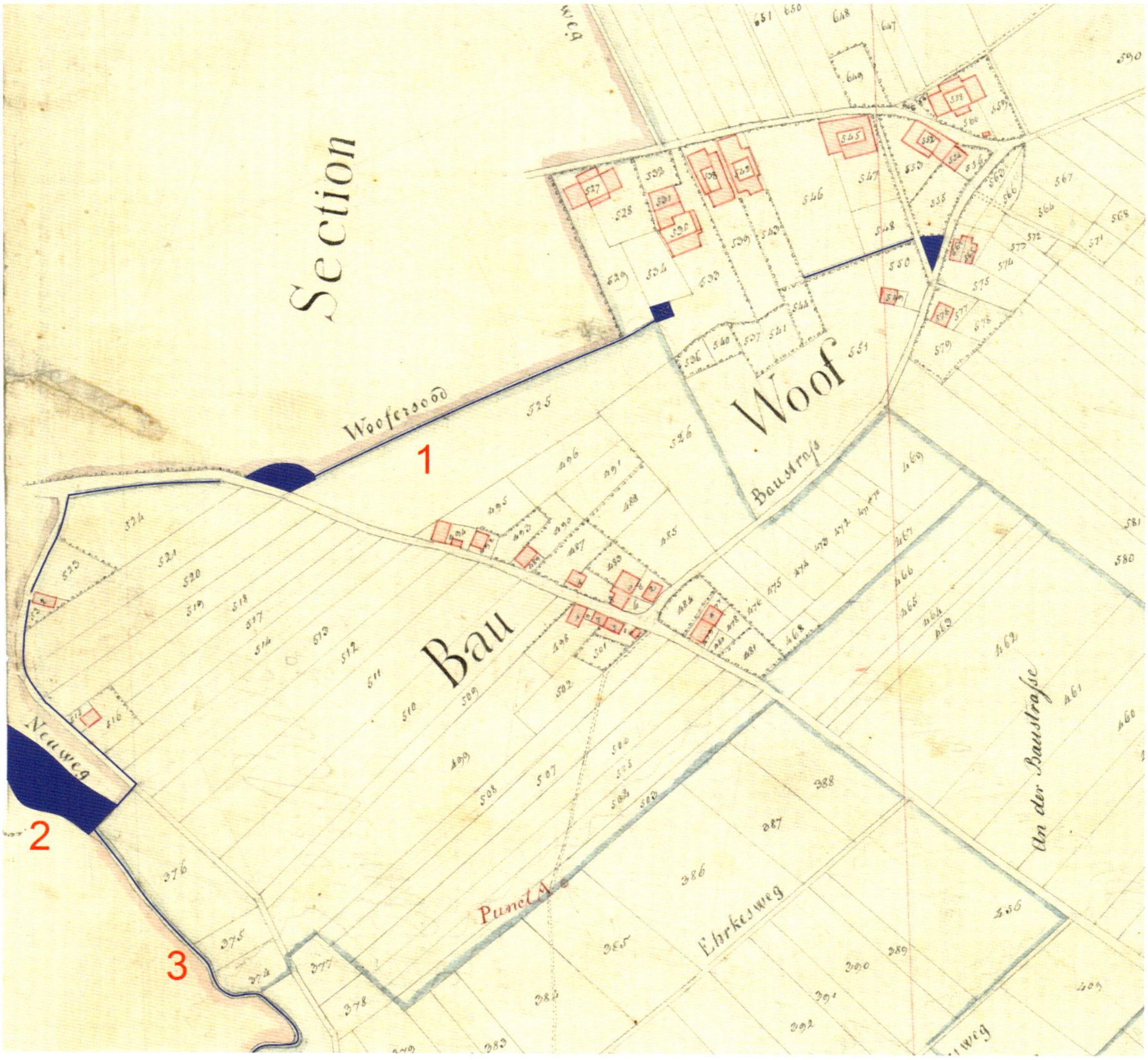

Abb. 101: Die »Woofersood« (1) begann in Woof und mündete in den Mühlenweiher (2) der Gatzweiler Mühle. Der Mühlenweiher wurde hauptsächlich vom Mühlenbach (3) gespeist. Urkataster von 1819.

Abb. 102: Die Woofersoth ist auch heute noch in Teilen erhalten. Amtliche Stadtkarte Mönchengladbach, 2015.

Abb. 103: Die Woofersoth zwischen Woof und Gatzweiler, 2015.

Abb. 104: Der Mühlenbach auf der Höhe von Gatzweiler, 2015.

Die **Gatzweiler Vollmühle** wurde 1468 zum ersten Mal urkundlich erwähnt. Das heute noch erhaltene Mühlengebäude stammt aus dem Ende des 18. Jahrhunderts.[91] Die Mühle stand am rechten Ufer des Mühlenbachs und wurde unterschlächtig angetrieben.

Ursprünglich handelte es sich um eine sogenannte Walkmühle[92]. Etwa 1800 wurde die Mühle zur Mahlmühle[93] umgebaut.[94]

In einer **Walkmühle**[95] wurde durch Spinnen und Weben hergestelltes Gewebe verfilzt und dadurch gefestigt und verdichtet. Dabei wurde das Gewebe in einer speziellen Walkflüssigkeit (z. B. in heißem Wasser gelöste Tonerde) über mehrere Stunden durch gestampft[96].

Einer Rechnung von 1554 ist zu entnehmen, dass die Mühle in Privatbesitz war und als Abgabe die »Wassererkenntnis«[97] zahlen musste.[98] 1920 wurde die Mühle, die sich bis dahin im Besitz der Familie Lambertz befand, zunächst an Franz Thissen und 1927 an Karl Küppers verpachtet, der die Mühle 1928 kaufte. 1934 übernahm Karls Sohn Franz den Betrieb.

Abb. 105: Der Mühlenbach von der Gatzweiler Mühle (rechts) bis zur Stadtgrenze zu Wegberg. Urkataster von 1812.

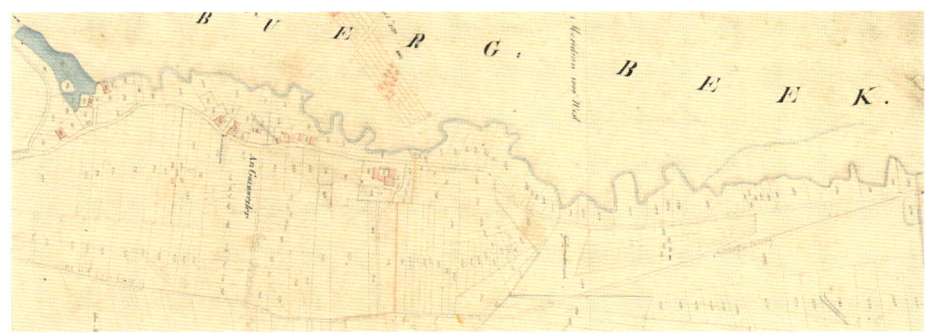

Abb. 106: Der Mühlenbach von der Gatzweiler Mühle bis zur Stadtgrenze zu Wegberg. Amtliche Stadtkarte Mönchengladbach, 2015.

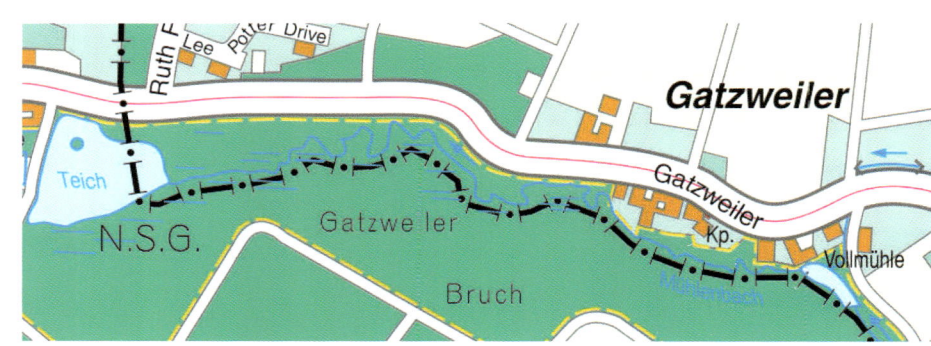

91 Jungbluth, Elsner, S. 72.
92 Mennen, Gripekoven I, S. 99.
93 Getreidemühle.
94 Vogt, Mühlen, S. 429.
95 Auch: Vollmühle.
96 Sommer, Mühle, S. 127.
97 Abgabe für die Nutzung der Wasserkraft des Mühlenbachs.
98 Vogt, Mühlen, S. 429.

Da es immer wieder Probleme mit dem Wasser-
druck gab und das Wasser des angrenzenden
Mühlenweihers nur für eine Stunde Mahlbe-
trieb reichte, wurde zunächst probeweise ein
Gasmotor und 1930 ein Dieselmotor installiert.
Ab 1945 erfolgte der Antrieb elektrisch.[99]

Noch heute befindet sich die Gatzweiler
Vollmühle im Besitz der Familie Küppers, die
in den Gebäuden einen Landwarenhandel be-
treibt. Die Mühle selbst ist auch noch in Betrieb
und dient – elektrisch angetrieben – der Pro-
duktion von Tierfutter.

Abb. 107: Die Gatzweiler
Vollmühle um 1920.

Hinter Gatz-
weiler passiert
der **Mühlenbach**
die Mönchen-
gladbacher Stadt-
grenze, durch-
fließt den Wei-
her der Holtmüh-
le und mündet
später bei Weg-
berg-Rickelrath
in die Schwalm.

Abb. 108: Die Gatzweiler
Vollmühle existiert noch
heute, 2015.

Abb. 109: Die Gatzweiler
Mühle (rot umkreist) und der
Mühlenweiher. Urkataster
von 1812.

99 Jungbluth, Elsner, S. 72.

Abb. 110:
Der Mühlen-
bach durch-
fließt den
Weiher der
Holtmühle,
2015.

Von Hehnerholt über Dahl
bis Hardterbroich

Dahlener Bach, Brandenberger Bach, Dahlener Landwehrgraben,
Juikbach, Graben »durch nasse Land«, Dellergraben

Der **Dahlener Bach** entsprang bei Engelsholt und floss von dort – der natürlichen Senke folgend – nach Osten.[100] Auf dem Urkataster ist er ab dem Kreuzungsbereich der heutigen Brunnen- und der Aktienstraße in Dahl zu erkennen. Von dort aus floss er parallel zur Brunnenstraße in Richtung Hermges.

Abb. 111: Auf dem Urkataster ist der Dahlener Bach ab dem Kreuzungsbereich der heutigen Brunnen- und der Aktienstraße zu erkennen. Urkataster von 1812.

Abb. 112: Der Dahlener Bach verlief entlang der heutigen Brunnenstraße. Amtliche Stadtkarte Mönchengladbach, 2015.

100   Klinge, Bäche, S. 163.

In Hermges nahm der Dahlener Bach den Brandenberger Bach auf und floss parallel zur heutigen Hofstraße weiter Richtung Osten.

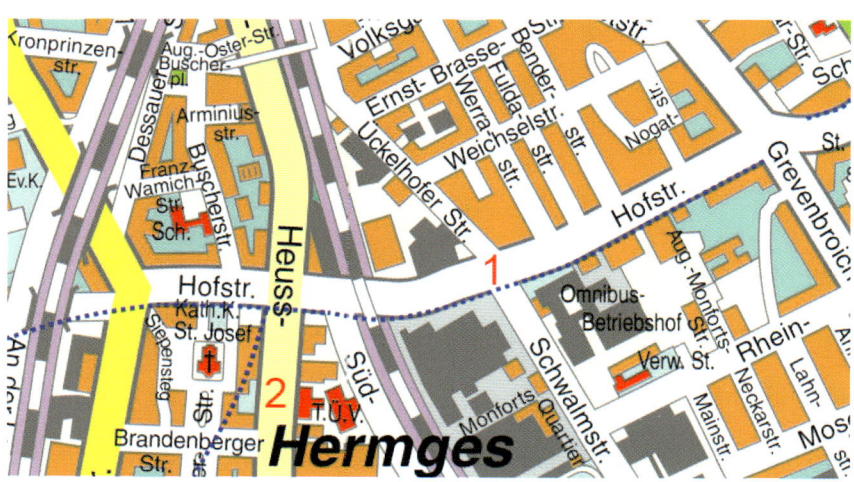

Abb. 113: Der Dahlener Bach (1) durchfloss Hermges, nahm den Brandenburger Bach (2) auf und floss entlang der heutigen Hofstraße Richtung Hardterbroich. Urkataster von 1812.

Abb. 114: Der Dahlener Bach (1) nahm in Hermges den Brandenberger Bach (2) auf. Amtliche Stadtkarte Mönchengladbach, 2015.

Im weiteren Verlauf durchquerte der Dahlener Bach Hardterbroich. Auf dem Urkataster ist er in diesem Bereich nur in Fragmenten zu erkennen. Erst ab der heutigen Bungtstraße bis zu seiner Mündung in den Bungtbach ist er wieder als zusammenhängender Bachlauf eingezeichnet.

Die Mündung des Dahlener Bachs in den Bungtbach befand sich etwa im Kreuzungsbereich der heutigen Hardterbroicher Straße, der Bungtstraße und der Carl-Diem-Straße. Der Bungtbach floss früher entlang der Hardterbroicher Straße ein kurzes Stück Richtung Westen, knickte dann nach Norden ab und durchquerte den Volksgarten. Dieses Verbindungsstück ist heute nicht erhalten.

Abb. 115: Auf dem Urkataster ist der Dahlener Bach (1) in Hardterbroich nur in Fragmenten eingezeichnet. Östlich von Hardterbroich mündete er in den Bungtbach (2). Urkataster von 1812.

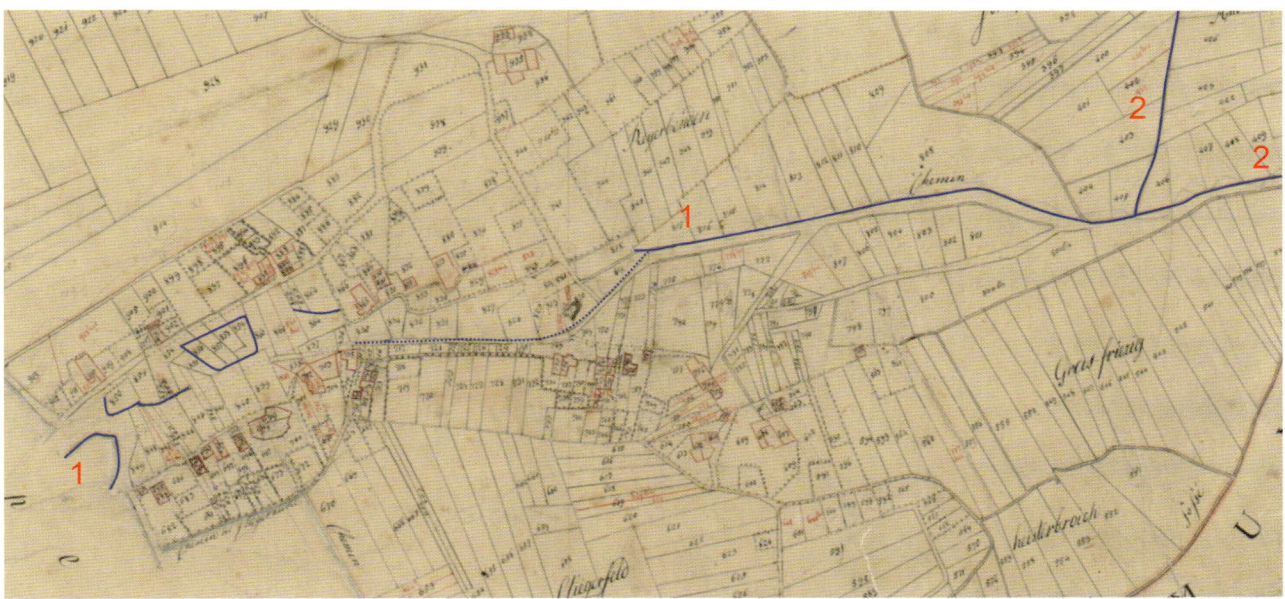

Abb. 116: Der vermutete Verlauf des Dahlener Bachs in Hardterbroich. Amtliche Stadtkarte Mönchengladbach, 2015.

Heute ist vom Dahlener Bach nichts mehr zu sehen.

Der **Brandenberger Bach** entsprang nahe des Brandenberger Hofs, floss Richtung Norden und mündete in Hermges in den Dahlener Bach.

In späteren Jahren führte der Brandenberger Bach die Abwässer der Rheydter Straße ab. Im Rahmen der Anlage des städtischen Kanalnetzes wurde er kanalisiert.[101]

101   Klinge, Bäche, S. 163.

Abb. 117: Der Brandenberger Bach entsprang nahe des Brandenberger Hofs. Urkataster von 1812.

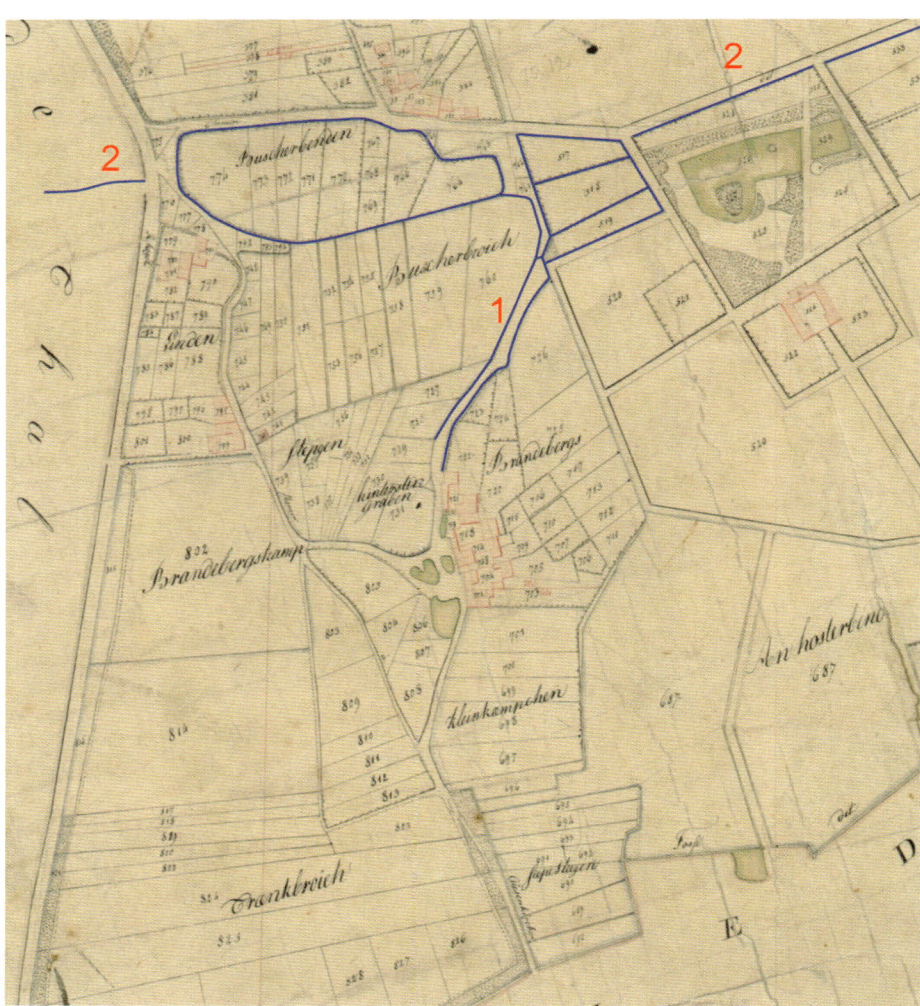

Abb. 118: Der Brandenberger Bach (1) mündete in Hermges in den Dahlener Bach (2). Amtliche Stadtkarte Mönchengladbach, 2015.

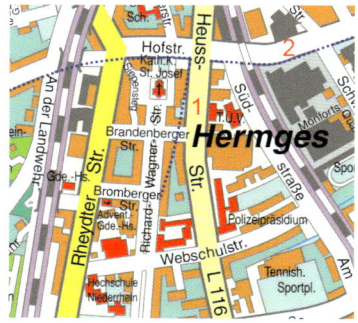

Der **Dahlener Landwehrgraben** verlief von Engelsholt bis Dahl entlang der Dahlener Landwehr.

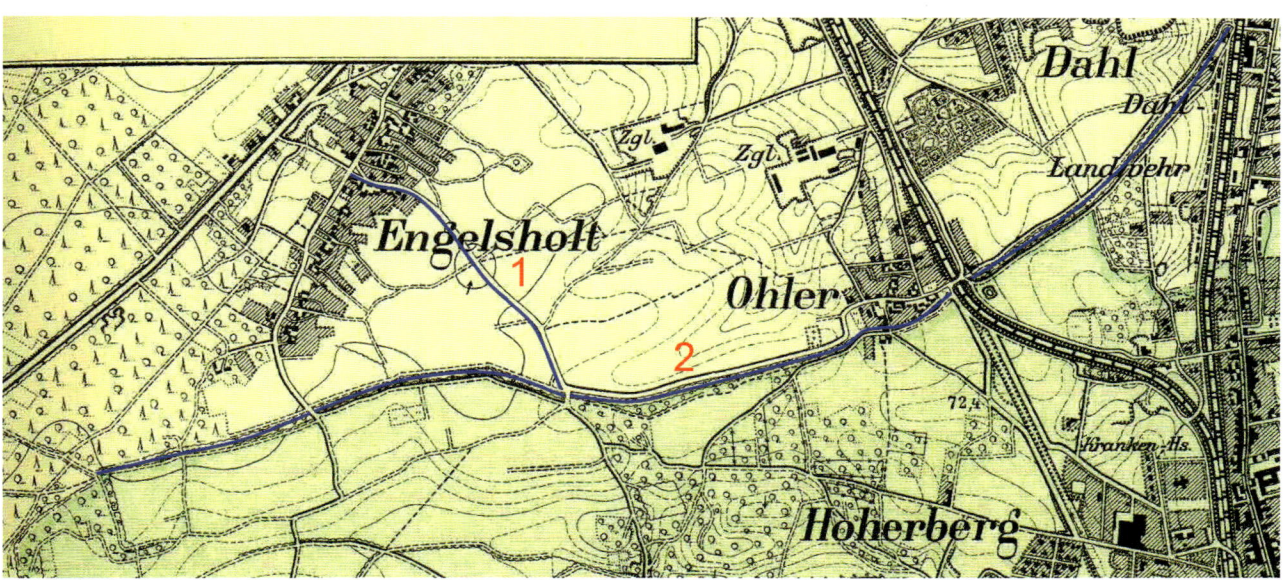

Abb. 119: Der Dahlener
Landwehrgraben verlief ent-
lang der Dahlener Landwehr.
Karte von 1898.

Abb. 120: Die Dahlener Landwehr ist heute noch in Teilen
erhalten. Amtliche Stadtkarte
Mönchengladbach, 2015.

Der **Juikbach** entsprang am heutigen Karl-Barthold-Weg, floss entlang der Rheydter Straße und mündete im Kreuzungsbereich der heutigen Brunnenstraße und der Rheydter Straße in den Dahlener Bach. Gespeist wurde er sowohl aus einer Quelle als auch durch Regenwasser. Heute ist der Juikbach versiegt.[102]

Abb. 121: Der Juikbach (1) entsprang am heutigen Karl-Barthold-Weg, floss hinunter zur Rheydter Straße und mündete in den Dahlener Bach (2). Urkataster von 1812.

Abb. 122: Der Juikbach (1) mündete in den Dahlener Bach (2). Amtliche Stadtkarte Mönchengladbach, 2015.

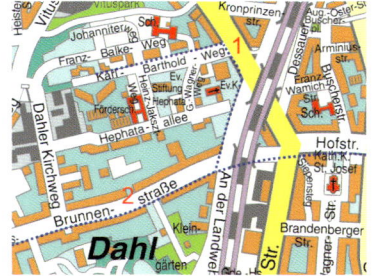

102   Klinge, Bäche, S. 163.

Der **Graben »durch nasse Land«** verlief – parallel zur heutigen Gingterstraße und Monschauer Straße – von Engelsholt bis zur Dahlener Landwehr.

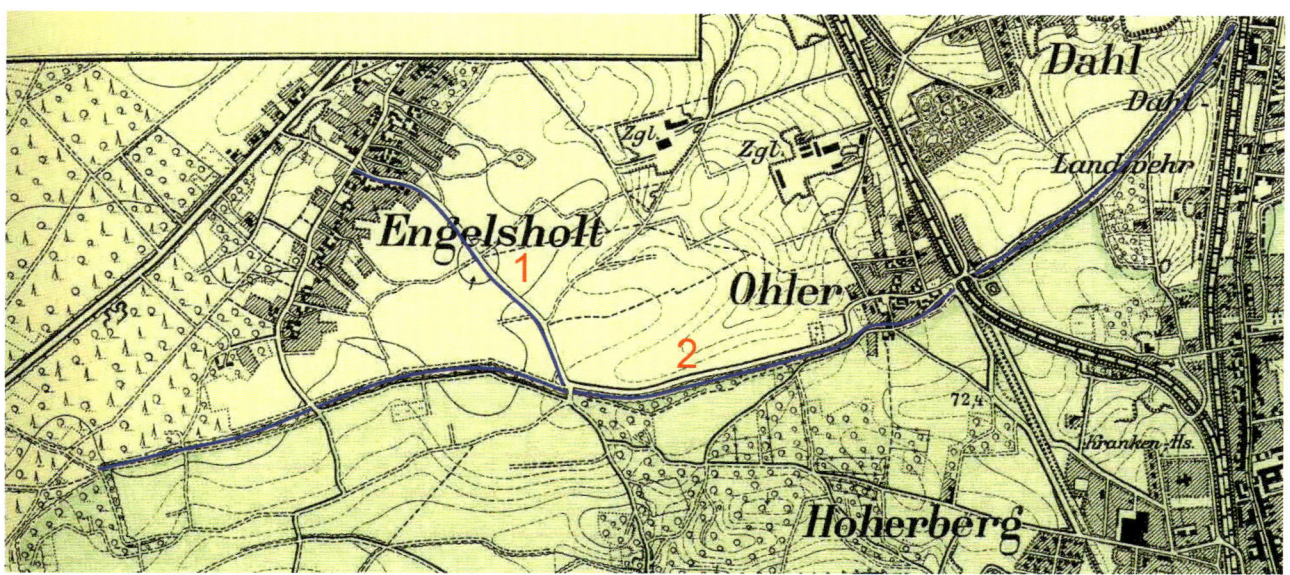

Abb. 123: Der Graben »durch nasse Land« (1) verlief von Engelsholt bis zur Dahlener Landwehr (2). Karte von 1898.

Abb. 124: Der Graben »durch nasse Land« verlief parallel zur Gingterstraße und zur Monschauer Straße. Amtliche Stadtkarte Mönchengladbach, 2015.

Der **Dellergraben** verlief von Hehnerholt bis nach Rönneter. Auf dem Urkataster von 1812 ist er nicht eingezeichnet, auf einer Karte von 1930 ist er zu sehen. Heute ist der Dellergraben nicht mehr vorhanden.

Abb. 125: Der Dellergraben ist auf dem Urkataster nicht eingezeichnet. Sein vermuteter Verlauf wurde nachträglich in die Karte eingezeichnet. Urkataster von 1812.

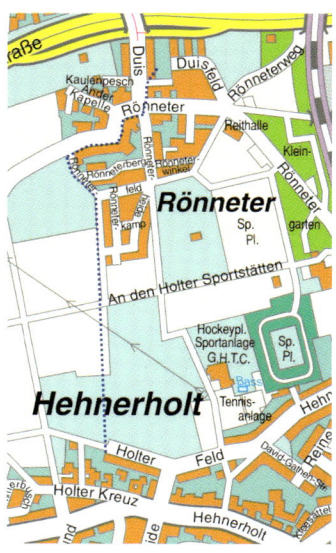

Abb. 126: Der Dellergraben verlief von Hehnerholt bis nach Rönneter. Amtliche Stadtkarte Mönchengladbach, 2015.

Die Nebengewässer der Niers von ihrer Quelle bis nach Wickrath

Niers, Köhm, Venrather Fließ, Hochneukircher Fließ (Holzer Fließ), Beckrather Fließ, Kinkelbach (Kintelbach), Karotte, Flutgraben, Mortersmühlenbach, Mortersmühlenhof (Priorshof) und Mortersmühle

Zusammen mit dem Gladbach ist die **Niers** das bedeutendste Fließgewässer auf Mönchengladbacher Stadtgebiet. Ihre natürlichen Quellen sind auf Grund des Braunkohletagebaus schon lange versiegt. Mit Wasser versorgt wird sie heute über 21 Einleitungsstellen zwischen Köhmmündung und Güdderather Bruch, in denen aufbereitetes Sümpfungswasser in die Niers gepumpt wird.[103]

Abb. 127: Die renaturierte Niers im Niersbruch zwischen Wickrathberg und Wickrath, 2012.

Kurz hinter ihrem Quellgebiet im Dreieck zwischen Kuckum, Unterwestrich und Keyenberg überschreitet die Niers bei Wanlo die Stadtgrenze zu Mönchengladbach, passiert Wickrathberg, fließt in Wickrath durch den Schlosspark, passiert Wetschewell und Güdderath, durchquert Odenkirchen, die Bell und Mülfort, gelangt nach Zoppenbroich und durchfließt den Bresgespark, passiert Geneicken, fließt vorbei an

103 Stadt Mönchengladbach, Fachbereich Umweltschutz und Entsorgung, Stand: Juni 2015.

Schloss Rheydt, stellt die Grenze zwischen Mönchengladbach und Korschenbroich dar, passiert Schloss Myllendonk, Uedding, Damm, Neersbroich und die Donk.

Hinter dem Klärwerk in Mönchengladbach-Neuwerk verlässt die Niers das Mönchengladbacher Stadtgebiet, passiert Viersen und Straelen, durchfließt Geldern, fließt vorbei an Kevelaer und Weeze, durchquert Goch, überquert die Grenze zu den Niederlanden und mündet schließlich bei Gennep in die Maas.

Obwohl die Niers nur über ein sehr geringes Gefälle verfügt[104] und die Fließgeschwindigkeit entsprechend langsam ist,[105] trieb sie von den Quellen bei Kuckum bis zur Mündung bei Gennep zeitweise bis zu 52 Mühlen an.[106] 19 dieser Mühlen standen auf heutigem Mönchengladbacher Stadtgebiet. Die Gebäude der Wilderather Mühle, der Pletschmühle, der Wickrathberger Mühle, der Wickrather Mühle, der Rheydter Schlossmühle, der Klippertzmühle und der Nonnenmühle sind heute noch erhalten. Sie dienen überwiegend Wohnzwecken.[107]

Eine detaillierte Beschreibung der Niers auf Mönchengladbacher Stadtgebiet, ihrer Historie und ihrer Mühlen finden Sie in: *Die Niers und ihre Mühlen – von der Quelle bis Neuwerk*, Robert Lünendonk, Klartext Verlag.

Abb. 128: Die Niers und ihre Mühlen – von der Quelle bis Neuwerk. Umschlagfoto von etwa 1860.

Südlich von Mönchengladbach – zwischen Garzweiler und Kaiskorb – entsprang früher »Am Köhmeberg« ein Bach namens **Köhm** (auch Come, Koeme, Kühm und Käume).[108] Die Köhm floss von ihrem Quellgebiet aus Richtung Westen, passierte Otzenrath und erreichte Borschemich. Dort wurde sie von weiteren Quellen in den Wassergräben um Haus Palant mit zusätzlichem Wasser versorgt. Von Borschemich aus floss die Köhm weiter Richtung Westen, passierte Keyenberg und mündete kurz vor Wanlo in die Niers.

Von der Köhm sind heute nur noch Reststücke zu sehen. Ihr Quellgebiet und ein großer Teil ihres Verlaufs sind bereits dem Braunkohletagebau zum Opfer gefallen. Weitere Teile wurden kanalisiert.[109] Auch die Quellen in den Gräben von Haus Palant sind längst ausgetrocknet.[110]

104 Der Höhenunterschied zwischen Quellgebiet und Mündung beträgt etwa 70 m.
105 1969 betrug die Fließgeschwindigkeit 0,5 – 1 m pro Sekunde, heute liegt sie bei etwa 2 m pro Sekunde.
106 Wilms, Wöstemeyer, S. 10 und Niers 2000, S. 47.
107 Lünendonk, Niers, S. 77ff.
108 Mackes, Börde, S. 20.
109 Mackes, Börde, S. 103.
110 Frankewitz, Rheydter Jahrbuch 29, S. 68.

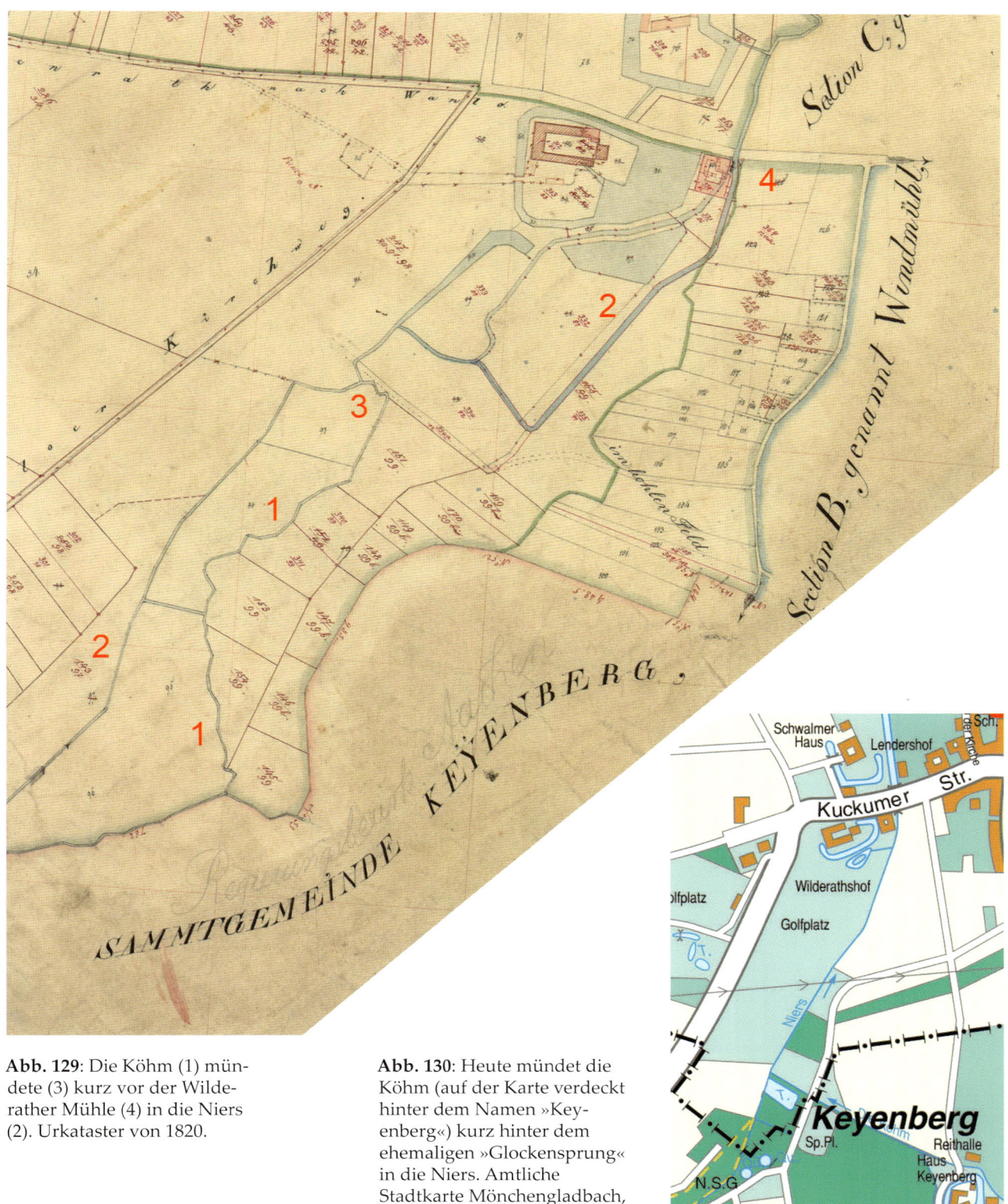

Abb. 129: Die Köhm (1) mündete (3) kurz vor der Wilderather Mühle (4) in die Niers (2). Urkataster von 1820.

Abb. 130: Heute mündet die Köhm (auf der Karte verdeckt hinter dem Namen »Keyenberg«) kurz hinter dem ehemaligen »Glockensprung« in die Niers. Amtliche Stadtkarte Mönchengladbach, 2015.

Abb. 131: Die Köhm wird heute kurz hinter Borschemich über eine Einleitstelle gespeist, 2015.

Kurz hinter Borschemich, das aktuell dem Braunkohletagebau zum Opfer fällt,[111] wird die Köhm über eine Einleitstelle mit Wasser versorgt. Von dort aus fließt sie Richtung Westen, passiert Keyenberg und die Stadtgrenze zu Mönchengladbach und mündet kurz hinter dem »Glockensprung«[112] – einer der größten schon lange versiegten Niersquellen – in die Niers. Früher befand sich die Mündung in die Niers weiter nördlich, kurz vor der Wilderather Mühle.

Abb. 132: Die Köhm kurz vor Keyenberg, 2015.

In wenigen Jahren, wenn sich die Bagger des Braunkohletagebaus weiter Richtung Westen durch die Landschaft gefressen haben, wird die Köhm – genau wie das ehemalige Quellgebiet der Niers – für immer aus der Landschaft verschwunden sein.

111 Stand: August 2015.
112 Lünendonk, Niers, S. 17 und 22.

Der **Venrather Fließ** entwässerte früher das Dorf Venrath. Er floss Richtung Osten, passierte die Stadtgrenze zu Mönchengladbach und mündete auf Höhe der Pletschmühle in die Niers.

Heute führt der Venrather Fließ nur noch bei Starkregen Wasser. Die Mündung in die Niers liegt heute etwas weiter südlich, jedoch ist keine direkte Verbindung des Venrather Fließ in die Niers mehr erkennbar.

Abb. 133: Der Venrather Fließ (1) mündete auf Höhe der Pletschmühle (rechts auf der Karte) in die Niers (2). Die Abbildung wurde aus zwei Blättern des Urkatasters zusammengesetzt. Urkataster von 1820.

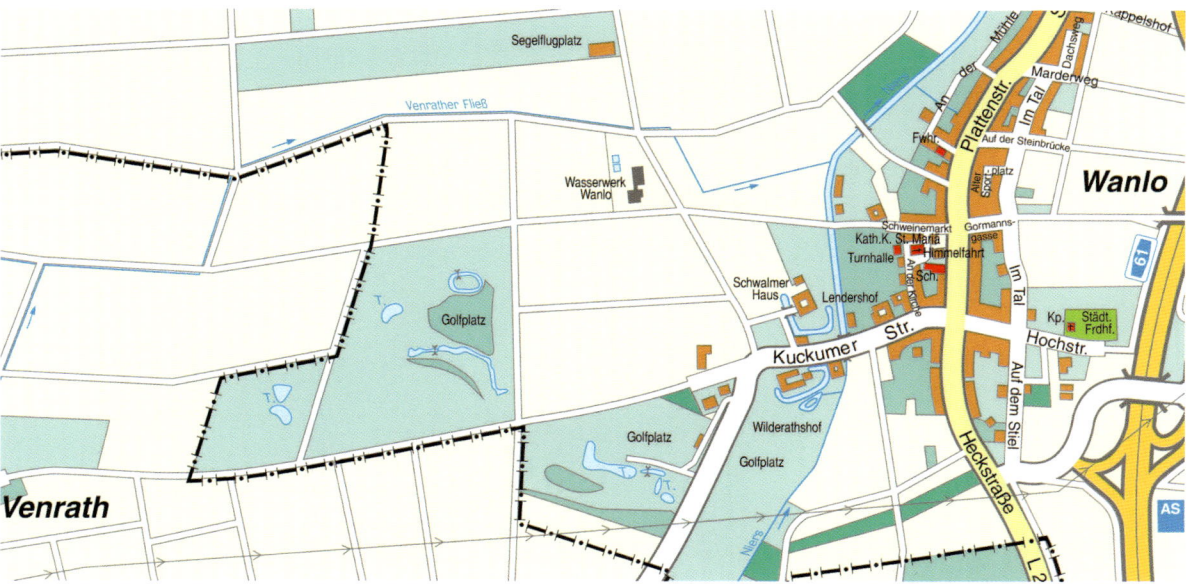

Abb. 134: Der Venrather Fließ führt heute kaum noch Wasser. Amtliche Stadtkarte Mönchengladbach, 2015.

Abb. 135: Der Hochneukircher Fließ kurz vor seiner Mündung in die Niers, 2012.

Abb. 136: Der Hochneukircher Fließ (1) mündete hinter der Kappelsmühle (4) in die Niers (2). Ebenfalls auf der Karte zu sehen sind der Kappelshof (5) und ein Nebenarm der Niers (3). Urkataster von 1820.

Abb. 137: Der Hochneukircher Fließ unterquert heute das Autobahnkreuz Wanlo und mündet nördlich vom Kappelshof und von der Autobahn 46 in die Niers. Amtliche Stadtkarte Mönchengladbach, 2015.

113 Lünendonk, Niers, S. 29 und 83.

Der **Hochneukircher Fließ** begann früher in Holz – einem Ortsteil der Gemeinde Jüchen, südlich von Hochneukirch. Daher wurde er im Oberlauf auch Holzer Fließ genannt. Von Holz aus floss er zunächst Richtung Norden, dann westlich an Hochneukirch vorbei und wand sich schließlich nach Westen. Ein Stück hinter der Kappelsmühle[113] mündete er in die Niers.

Heute existiert Holz nicht mehr, es ist vollständig dem Braunkohletagebau zum Opfer gefallen. Der Hochneukircher Fließ beginnt heute im Süden von Hochneukirch, fließt in nordwestliche Richtung, passiert die Stadtgrenze zu Mönchengladbach und unterquert anschließend das Autobahnkreuz Wanlo. Nördlich vom Kappelshof und der Autobahn 46 mündet er in die Niers.

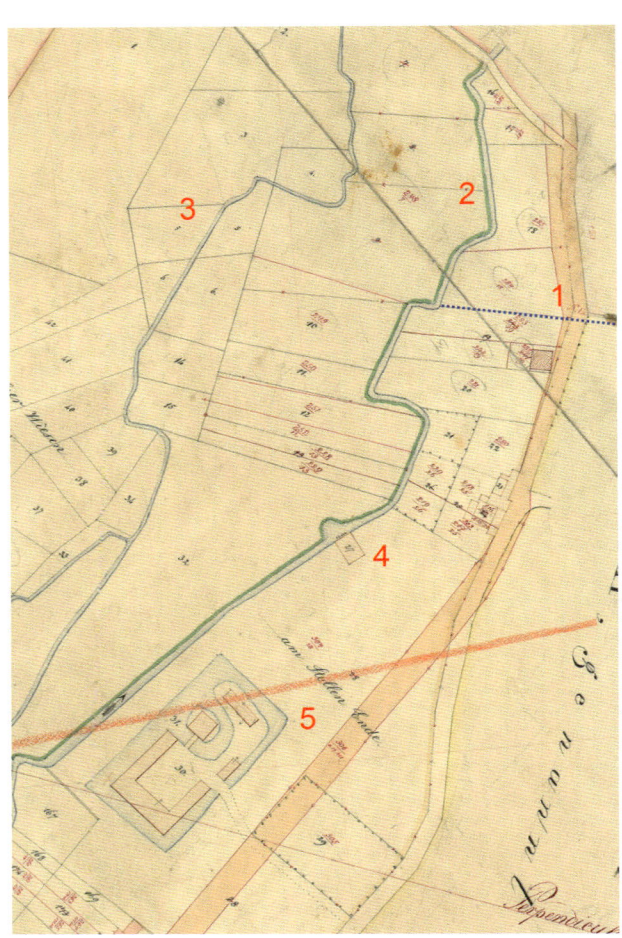

Der **Beckrather Fließ** verlief früher entlang der Beckrather Dorfstraße, wand sich dann nach Süden und floss anschließend in einem Bogen Richtung Wickrathberg. Er passierte den Broicher- und den Quastenhof und mündete kurz vor der Wickrathberger Mühle in die Niers.

Abb. 138: Der Beckrather Fließ verlief früher parallel zur Beckrather Dorfstraße. Urkataster von 1820.

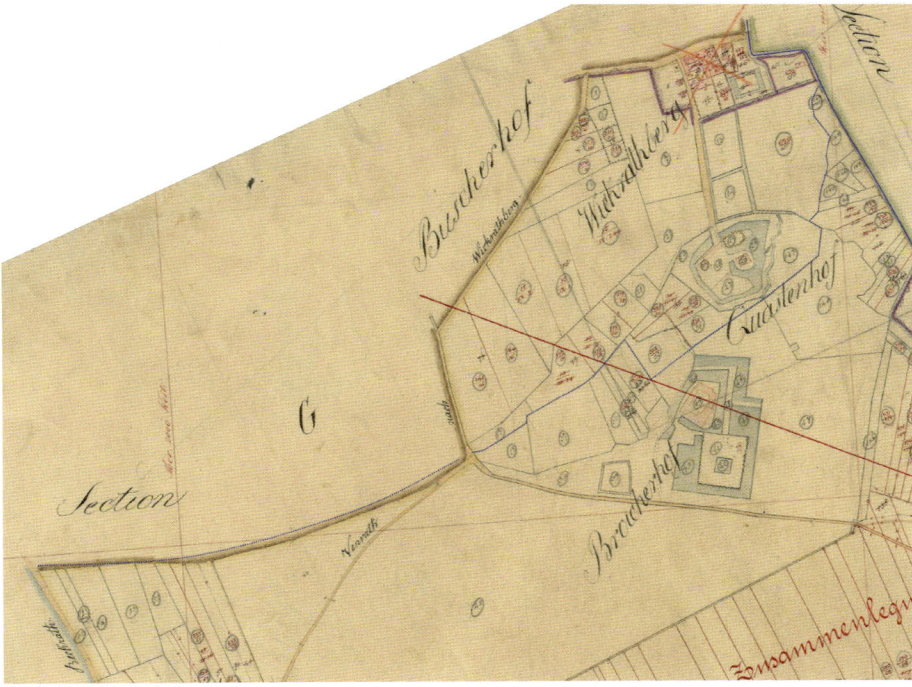

Abb. 139: Der Beckrather Fließ floss zwischen dem Broicher- und dem Quastenhof und mündete kurz vor der Wickrathberger Mühle in die Niers. Urkataster von 1820.

Heute beginnt der Beckrather Fließ am Rückhaltebecken zwischen Beckrath und Wickrathberg. Von dort aus folgt er seinem alten Verlauf, passiert den Broicher- und den Quastenhof, knickt dann nach Norden ab und mündet unmittelbar vor der Wickrathberger Mühle in die Niers.

Abb. 140: Der Beckrather Fließ ist heute nur noch in Teilen erhalten. Amtliche Stadtkarte Mönchengladbach, 2015.

Abb. 141: Der Beckrather Fließ auf Höhe des Broicher Hofwegs in Wickrathberg, 2015.

Über den **Kinkelbach** ist nur bekannt, dass er von Beckrath Richtung Wickrathberg floss und dabei den Knickelbacher Hof passierte. Der Name des Baches leitet sich wahrscheinlich vom niederdeutschen Wort »kinken«[114] ab. Es wird sich also um einen Bach mit Wirbeln und Strudeln gehandelt haben.[115]

Der genaue Verlauf des Bachs ist leider nicht mehr bekannt, er kann nur anhand von Informationen auf dem Urkataster und der Karte nach Tranchot vermutet werden.

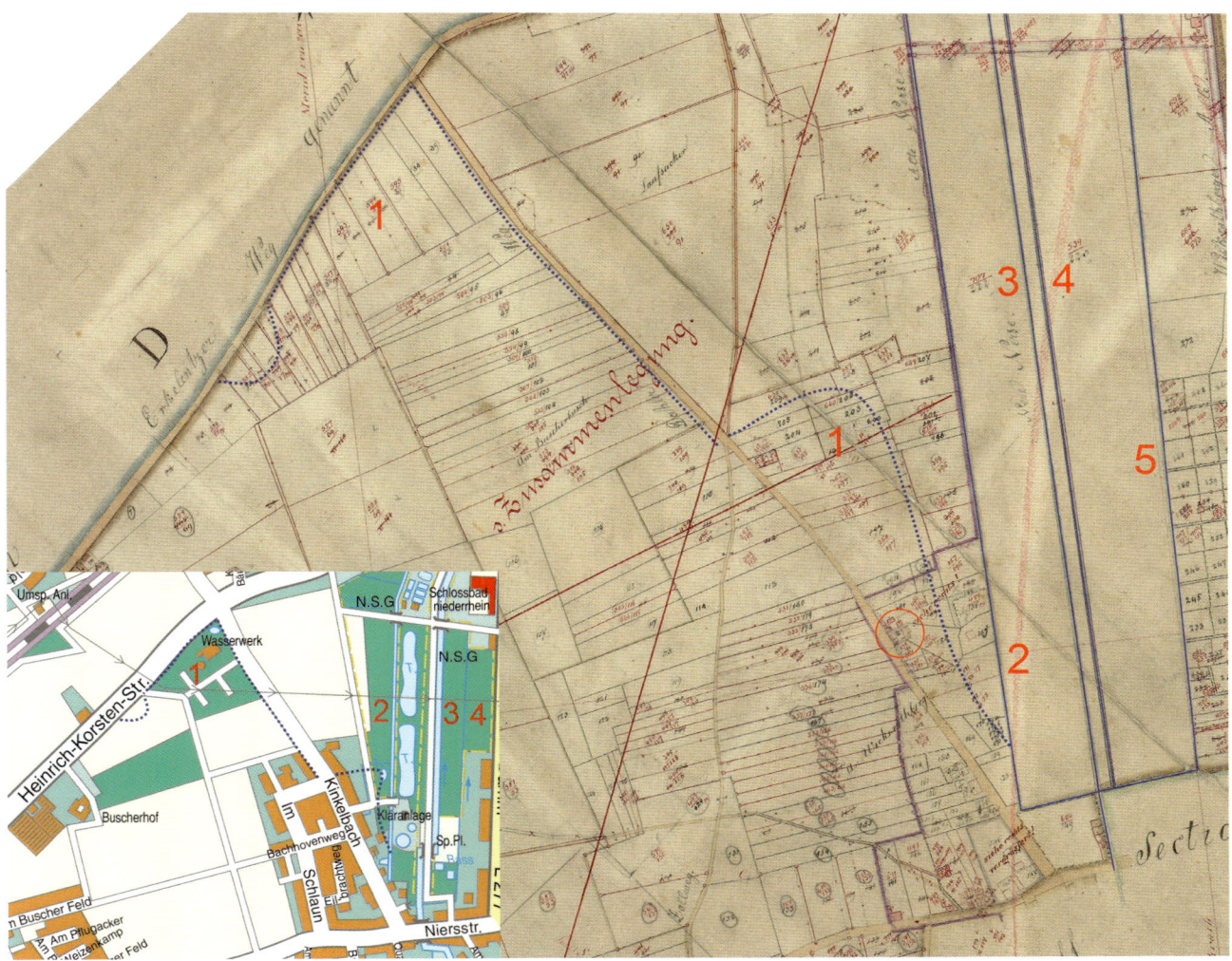

Abb. 142: Vermuteter Verlauf des Kinkelbachs. Amtliche Stadtkarte Mönchengladbach, 2015.

Abb. 143: Vermuteter Verlauf des Kinkelbachs (1) bis zu seiner Mündung in einen alten Arm der Niers (2). Der Knickelbacher Hof ist nahe der Mündung des Kinkelbachs in die Niers zu erkennen (rot umkreist). Ebenfalls auf der Karte zu sehen sind Teile der Niers (3), der Karotte (4) und des Flutgrabens (5). Urkataster von 1820.

Heute ist vom Kinkelbach und auch vom Knickelbacher Hof nichts mehr zu sehen.

114 = drehen.
115 Husmann, Trippel, S. 55.

Im Niersbruch zwischen Wickrathberg und Schloss Wickrath gab es einst drei Fließgewässer, deren Verlauf mehrfach von Menschenhand geändert wurde: die Niers, den Flutgraben und die Karotte.

Die **Niers** durchfloss den Niersbruch und floss zunächst westlich, anschließend nördlich vorbei an Schloss Wickrath. Dieser Verlauf sollte sich bis 2002 nicht ändern. Jedoch wurde das Flussbett zwischenzeitlich begradigt.

Parallel zur Niers floss an der tiefsten Stelle des Niersbruchs die **Karotte**, die im weiteren Verlauf den Schlosspark Wickrath durchquerte und etwa auf Höhe der Wetscheweller Mühle in die Niers mündete. Im 18. und im frühen 19. Jahrhundert war die Karotte ein breiter Wassergraben, der die Vorburginsel von der Hauptburginsel von Schloss Wickrath trennte.[116] Vermutlich folgte die Karotte in diesem Bereich dem ursprünglichen Verlauf der Niers, die wahrscheinlich im Rahmen des Neubaus von Schloss Wickrath im 18. Jahrhundert verlegt wurde.[117]

Wie auf dem Urkataster zu erkennen ist, wurde die Karotte hinter Wickrathberg von der Niers gespeist. Vermutlich wurde die Karotte als Kanalsystem künstlich angelegt,[118] um die Schlossgewässer zu versorgen.[119]

Im Laufe der Jahre versandete die Karotte im Bereich zwischen der Vorburginsel und der Hauptburginsel immer mehr, so dass schließ-

Abb. 144: Die Niers im Flussbett der Karotte im Niersbruch, 2012.

Abb. 145: Die Niers im Flussbett der Karotte auf Höhe von Schloss Wickrath, 2012.

116   Schumacher, Wickrath, S. 122.
117   Köhren-Jansen, Wickrath, S. 153.
118   Köhren-Jansen, S. 147.
119   Köhren-Jansen, S. 154.

lich nur noch ein Rinnsal übrig blieb.[120] Im Jahre 2002 wurde der Verlauf der Niers im Niersbruch zwischen Wickrathberg und Schloss Wickrath geändert. Dabei wurde ein Teil der Niers in das Flussbett der Karotte verlegt und folgt seit dem ihrem Verlauf bis hinter Schloss Wickrath. Die »alte« Niers, die Schloss Wickrath zunächst westlich und dann nördlich passierte, ist auch noch erhalten.

Der **Flutgraben** hatte seinen Ursprung im »Somborn« im Niersbruch zwischen Wickrathberg und Wickrath und wurde durch die Niers gespeist. Zusätzlich wurde dem Flutgraben Wasser von Wickrathberg und vom »Plumenhaus« zugeführt, das durch einen Graben vorbei am Nierhoverhof zum Flutgraben geleitet wurde.[121] Der Flutgraben durchfloss den Niersbruch parallel zur Niers und zur Karotte und passierte Schloss Wickrath an der Südseite. In diesem Bereich an der »Halbinsel« gab es früher auch eine Badeanstalt. Nachdem der Flutgraben Schloss Wickrath passiert hatte, trieb er die Wickrather Papiermühle[122] an und mündete etwa auf Höhe der Wetscheweller Mühle in die Niers.

Es ist anzunehmen, dass der Verlauf des Flutgrabens zumindest auf Höhe von Schloss Wickrath künstlich angelegt oder angepasst wurde, da er genau entlang der »Krone« verläuft, die sich aus Teilen der Niers, des Flutgrabens und der Wege im Park von Schloss Wickrath bildet.

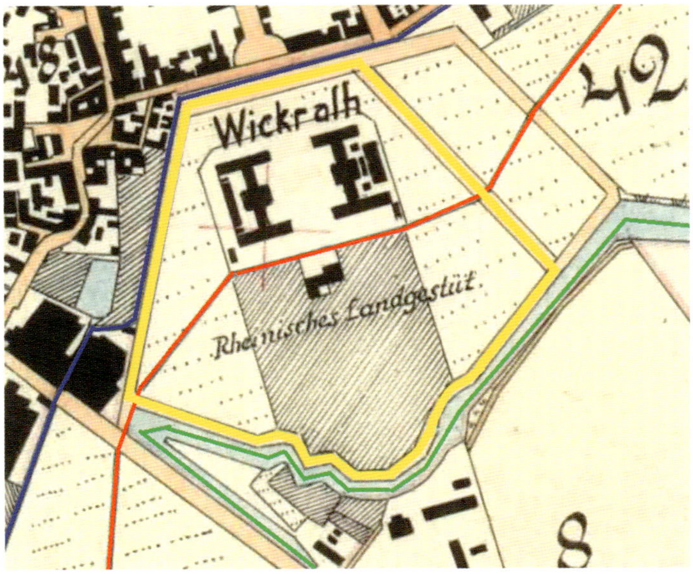

Abb. 146: Ruderer auf dem Flutgraben, um 1900.

Abb. 147: Die Niers (blau), die Karotte (rot), der Flutgraben (grün) und die »Krone« (gelb) rund um Schloss Wickrath, 1920.

120   Schumacher, Wickrath, S. 122.
121   Kuhlen, Wickrath, S. 150f.
122   Detaillierte Informationen zur Wickrather Papiermühle finden Sie in: Lünendonk, Niers, S. 87ff.

Abb. 148: Die Gewässersituation im Niersbruch im Jahre 1819/20: die Karotte (1, blau), die Niers (2, rot), ein alter Arm der Niers (3, gelb) und der Flutgraben (4, grün). Ebenfalls auf der Karte zu sehen sind Schloss Wickrath (5), die Wickrather Schlossmühle (6) und die Wickrather Papiermühle (7). Die Karte wurde aus zwei Blättern des Urkatasters zusammen gesetzt. Urkataster von 1819/20.

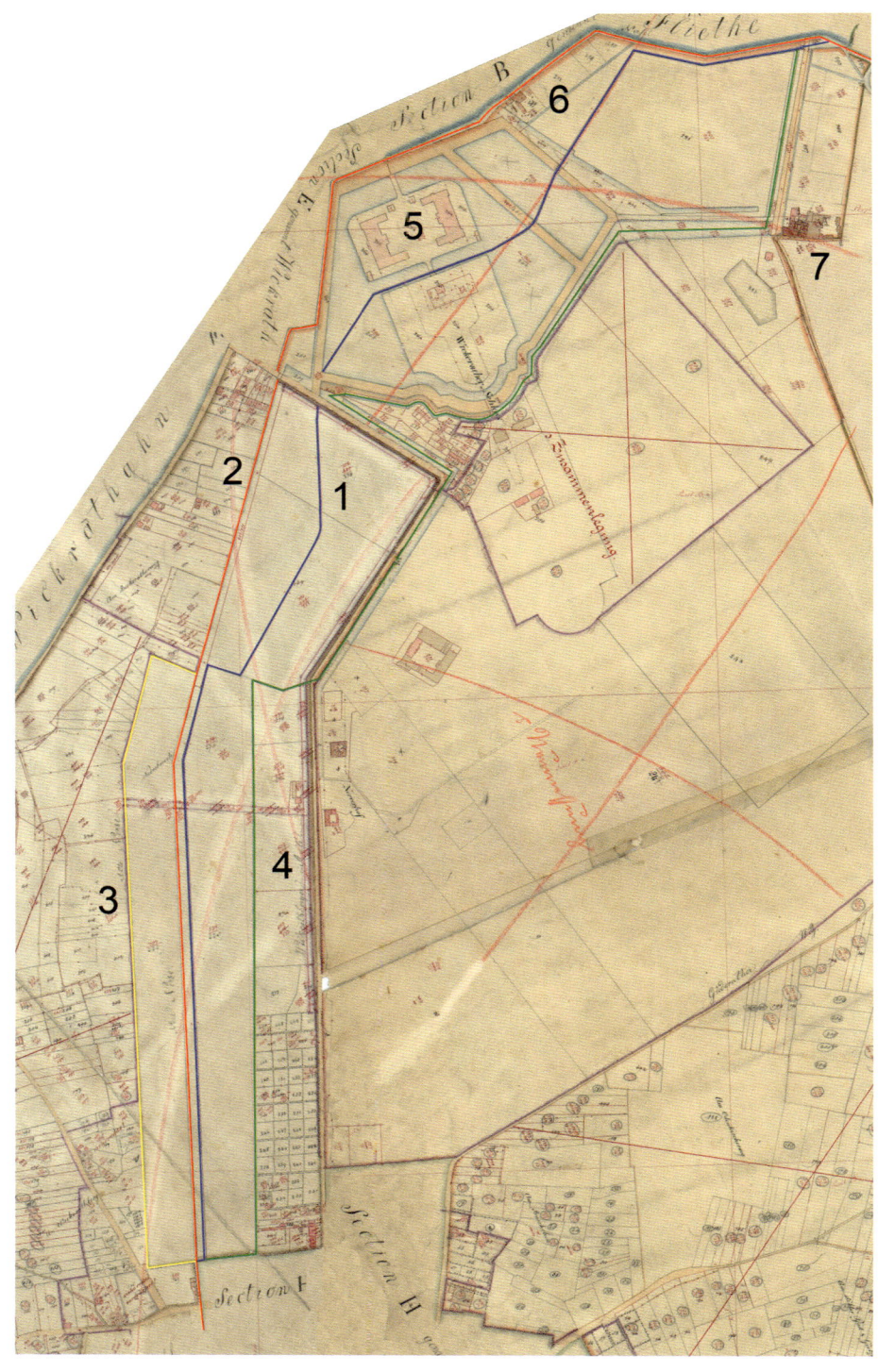

Heute erstreckt sich der Flutgraben von der »Halbinsel« bis kurz vor die Autobahn 61.

Abb. 149: Abendstimmung am Flutgraben, 2012.

Abb. 150: Heute fließt die Niers (1) im Flussbett der Karotte. Die alte Niers (2) und Teile des Flutgrabens (3) sind auch noch erhalten. Ebenfalls auf der Karte zu sehen sind Schloss Wickrath (4), die Wickrather Schlossmühle (5) und der ehemalige Standort der Wickrather Papiermühle (6). Amtliche Stadtkarte Mönchengladbach, 2015.

Der **Mortersmühlenbach** entsprang in Mennrath. In der Literatur finden sich auch Hinweise[123] auf eine Quelle in der »Baßsittard«[124]. Seinen Namen verdankt der Bach einer Mühle am Mortersmühlenhof[125], die er einst antrieb.

Auf dem Urkataster von 1820 ist zu erkennen, dass der Mortersmühlenbach in Mennrath begann und von dort Richtung Süden floss. Auch heute noch sind zwischen Mennrath und dem Priorshof Reste des Mortersmühlenbachs zu erkennen.

Abb. 151: Der Mortersmühlenbach entsprang in Mennrath und floss von dort Richtung Süden. Urkataster von 1820.

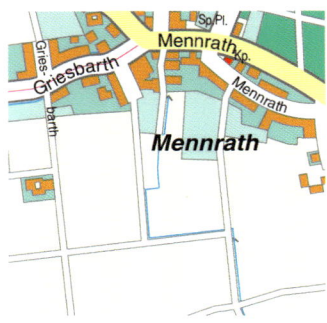

Abb. 152: Auch heute noch sind Reste des Mortersmühlenbachs zwischen Mennrath und dem Priorshof erkennbar. Amtliche Stadtkarte Mönchengladbach, 2015.

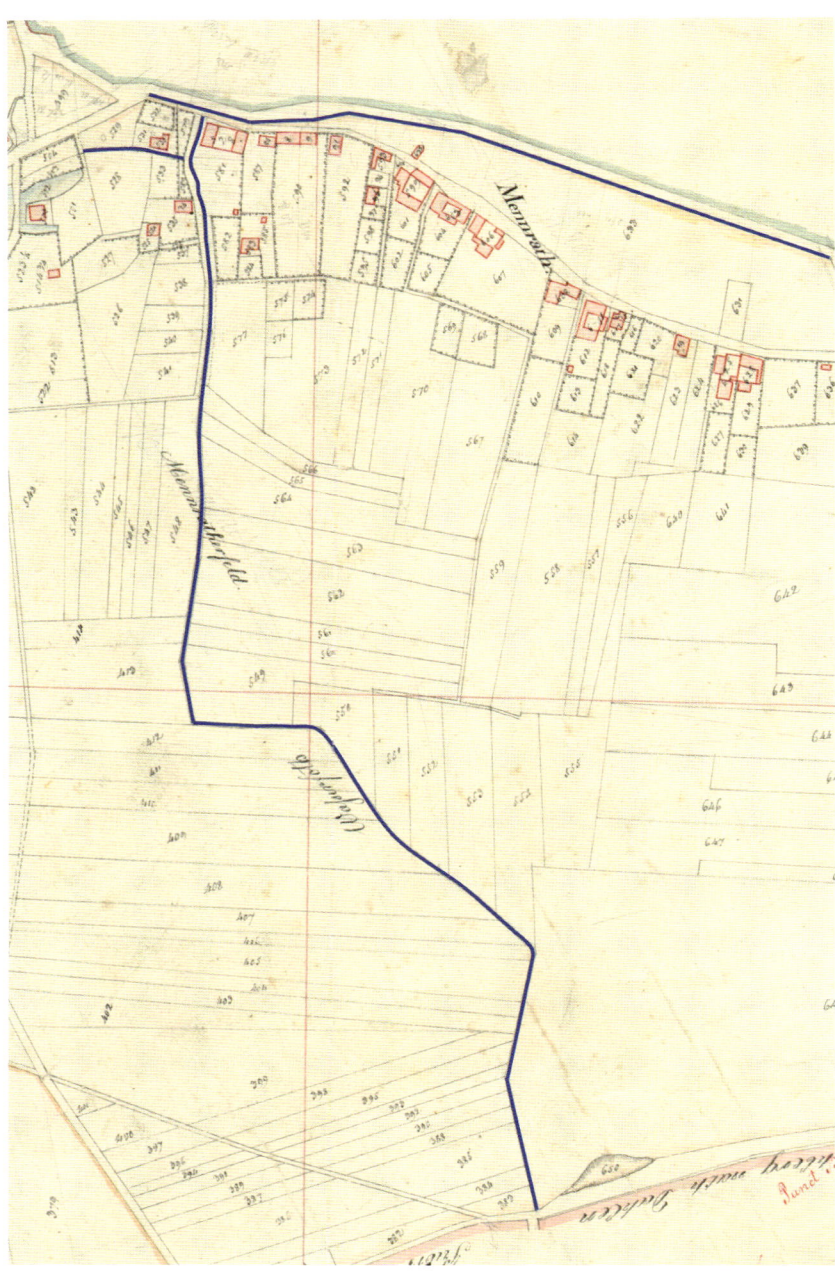

123 Husmann, Trippel, S. 55.
124 Heute: Buchholzer Wald.
125 Später: Priorshof.

Der Mortersmühlenbach erreichte schließlich den heutigen Priorshof, der zeitweise auch über eine Wassermühle verfügte.

Erstmalig urkundlich erwähnt wurde der Priorshof im Jahre 1411 als **Mortersmühlenhof**. Pächter zu dieser Zeit war ein Christgen[126] Kirsten.[127] Der Name »Morters« ist wahrscheinlich auf den Namen des damaligen Besitzers zurück zu führen. Obwohl der Name des Hofes bereits zu dieser Zeit den Hinweis auf eine Mühle enthielt, wurde erst 1612 eine Stampfmühle als **Mortersmühle** urkundlich erwähnt.[128] Auf Grund des Namens des Hofs ist aber davon auszugehen, dass bereits 1411 eine Mühle zum Hof gehörte.

Im Jahr 1491 wurden Teile des Hofs von Heinrich von Hompesch an das Kreuzherrenkloster in Wickrath übertragen. Später wurde das Kloster alleiniger Besitzer des Hofes[129] und nutzte ihn unter anderem als Erholungsstätte für die Prioren. Daher rührt auch die Bezeichnung Priorshof.[130] Bis zur Säkularisation 1802 wurde der Hof verpachtet. Im Jahre 1815 wurde er Preußisches Domänengut, 1820 geriet er in Privatbesitz. Seit 1898 befindet er sich im Besitz der Familie Noell.[131] Die Mühle, über die es leider keine weiteren Informationen gibt, ist heute nicht mehr erhalten.

Vom Priorshof aus floss der **Mortersmühlenbach** weiter in Richtung Osten und passierte den Voigtshof. Auf dem Urkataster sind zwei parallele Verläufe eingezeichnet.

Abb. 153: Der Mortersmühlenbach auf Höhe des Priorshofs, 2015.

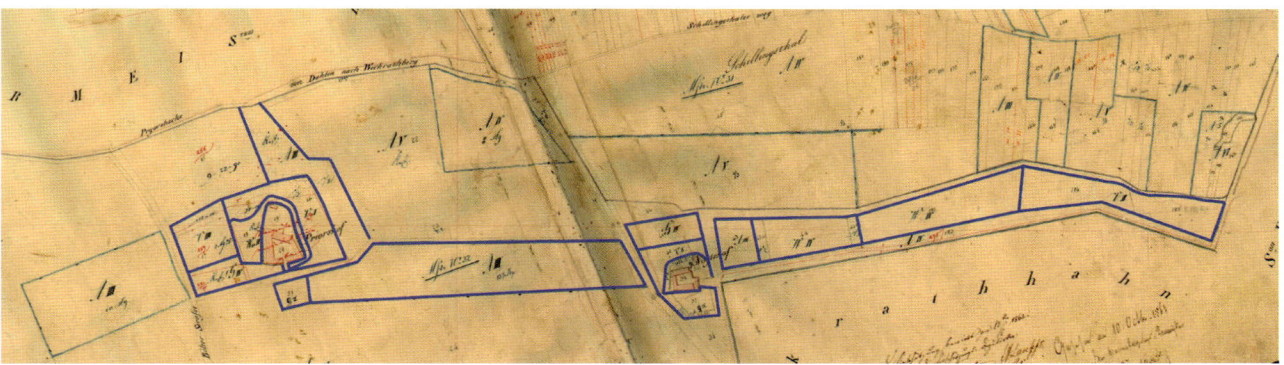

Abb. 154: Der Mortersmühlenbach floss vom Priorshof zum Voigtshof und von dort weiter nach Wickrath. Urkataster von 1820.

126 = Christian.
127 Husmann, Trippel, S. 84.
128 Thelen, Gewässer, S. 17.
129 Husmann, Trippel, S. 86.
130 Husmann, Trippel, S. 87.
131 Husmann, Trippel, S. 89ff.

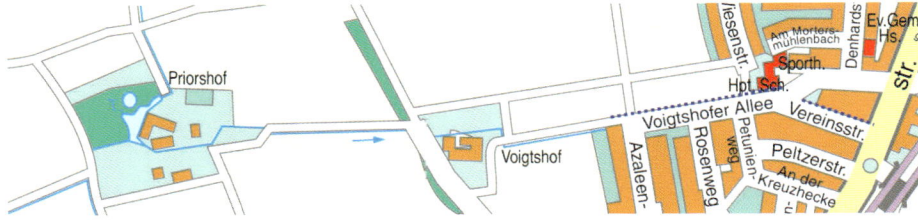

Abb. 155: Zwischen dem Priorshof und dem Vogtshof sind heute noch Reste des Mortersmühlenbachs erkennbar. Amtliche Stadtkarte Mönchengladbach, 2015.

Abb. 156: Zwischen dem Priorshof (im Hintergrund zu erkennen) und dem Voigtshof ist der Mortersmühlenbach nur noch als schmaler Graben zu erkennen, 2015.

Hinter dem Voigtshof knickte der Mortersmühlenbach nach Südwesten ab, durchfloss zwei Weiher an der Wickrathhahner Straße und mündete etwa auf Höhe von Schloss Wickrath in die Niers. Von den Weihern und dem Mortersmühlenbach ist in diesem Bereich heute nichts mehr erhalten.

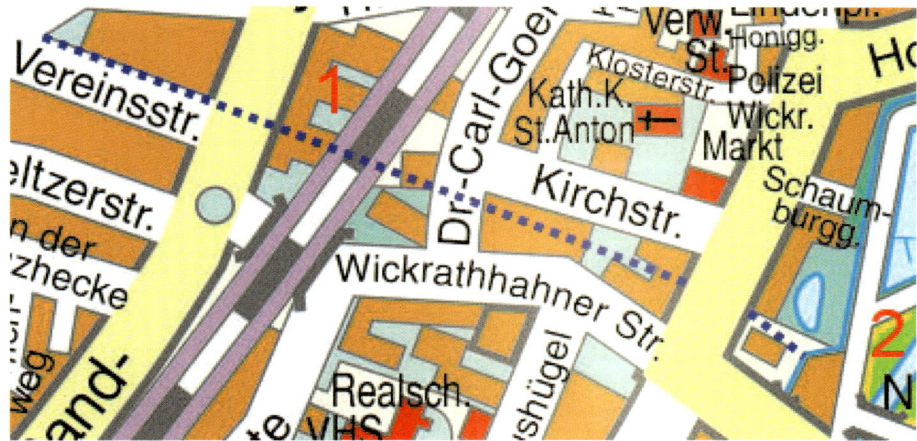

Abb. 157: In Wickrath durchfloss der Mortersmühlenbach (1) zwei Weiher und mündete dann in die Niers (2). Urkataster von 1903.

Abb. 158: In Wickrath ist vom Mortersmühlenbach (1) und von den beiden Weihern heute nichts mehr zu sehen. Rechts im Bild ist die Niers (2) zu erkennen. Amtliche Stadtkarte Mönchengladbach, 2015.

Windberg, Eicken und Neuwerk

Alsbach (Alsgraben, Schwarzbach), Suat, Pilatusrinne, Rote Bach, Hommelsbach (Hummelsbach, Renne, Rös, Roes), Lockgraben, Betterfluith, Gladbachische Kall, Wallgraben (Alde Neers, Wallgrab, Wallgraf), Schwarzer Graben, Hamgraben, Nordkanal, Schauenburggraben

Der heutige Mönchengladbacher Stadtteil Eicken bestand früher aus drei Honschaften: Obereicken, Untereicken und Als. Zwischen diesen Honschaften lag ein Sumpf- und Bruchgelände, das Alsbroich genannt und vom **Alsbach** durchflossen wurde. Auf alten Karten wird der Alsbach auch als Alsgraben bezeichnet.[132] Im Unterlauf hieß er früher auch Schwarzbach.[133]

> Der Name **Als** leitet sich ab von »Elsen« = Erlen, hier: Schwarzerlen.[134]

Der Alsbach entsprang in dem Gebiet zwischen der heutigen Eickener Straße, der Matthiasstraße und der Alsstraße. Die Hauptquellen lagen auf Höhe des heutigen »Aretzplätzke«. Von dort aus floss der Hauptarm des Alsbachs zunächst in östliche Richtung, um sich dann kurz vor der Alsstraße zu teilen. Der Hauptarm floss weiter Richtung Norden, der Nebenarm entlang der Alsstraße. Aus einer anderen Quelle nahe des heutigen Aretzplätzke entsprang ein Nebenarm des Alsbachs, der entlang der heutigen Thüringer Straße floss und sich im Bereich der Kreuzung Thüringer Straße, Badenstraße und Wattstraße mit dem Hauptarm vereinigte. Dazu kam ein weiterer Nebenarm, der im Bereich des heutigen Brösewegs entsprang.

Der Alsbach verlief von dort in nordöstliche Richtung, parallel zur Alsstraße. Der entlang der Alsstraße fließende Nebenarm mündete etwa auf Höhe der Eisenbahnstrecke nach Viersen in den Hauptarm des Alsbachs. Kurz dahinter nahm der Alsbach die von der Eickener Straße kommende »Suat« und die Pilatusrinne auf. Dieses Gebiet entspricht dem heutigen Kreuzungsbereich der Künkelstraße mit der Alsstraße. Dort gab es früher noch viele kleinere Nebenläufe und Wassergräben, die alle im Alsbach mündeten.

132 Köster, Alsbroich.
133 Klinge, Bäche, S. 163.
134 Mackes, Neuwerk II, S. 29.

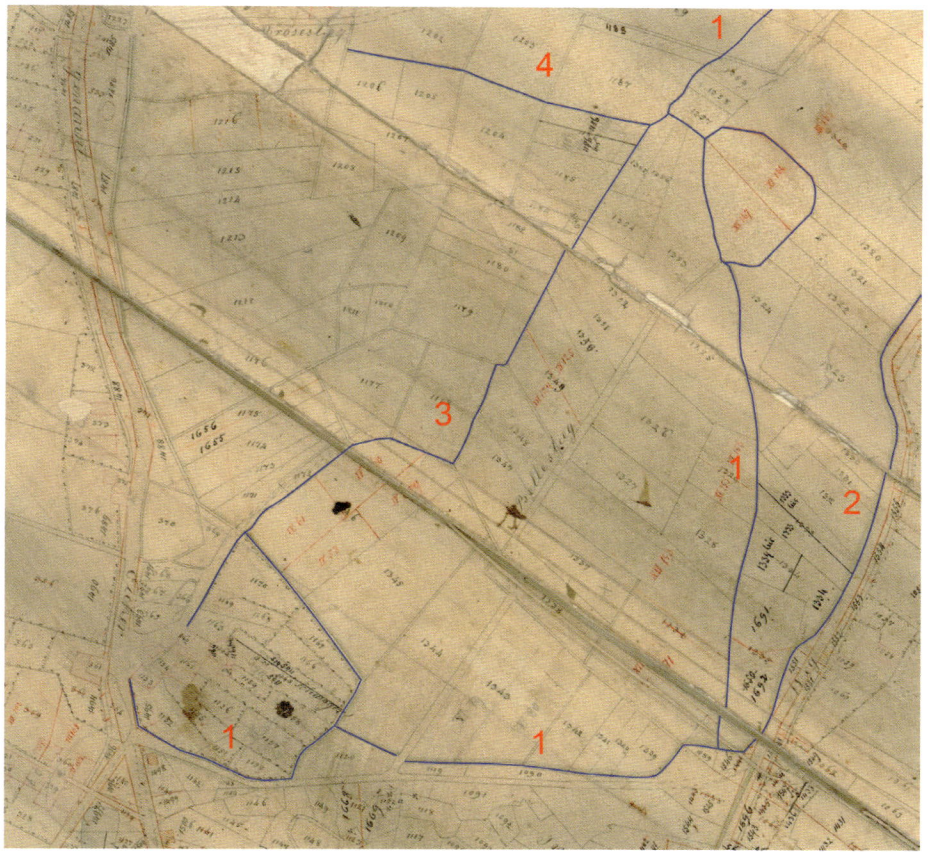

Abb. 159: Das Quellgebiet des Alsbachs im Jahr 1812. Der Hauptarm (1) und die beiden Nebenarme (3 und 4) vereinigten sich auf Höhe der heutigen Kreuzung Thüringer Straße, Badenstraße und Wattstraße. Ein dritter Nebenarm (2) floss entlang der Alsstraße. Urkataster von 1812.

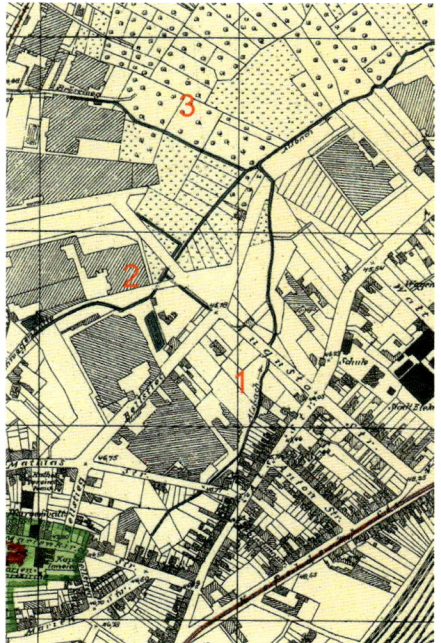

Abb. 160: Das Quellgebiet des Alsbachs im Jahr 1909. Der Hauptarm (1) und die beiden Nebenarme (2 und 3) waren zu dieser Zeit noch erhalten. Plan der Stadt M. Gladbach, 1909.

Abb. 161: Das ehemalige Quellgebiet des Alsbachs heute. Vom Alsbach (3) und seinen Nebenarmen (1, 2 und 4) ist heute nichts mehr zu sehen. Amtliche Stadtkarte Mönchengladbach, 2015.

Abb. 162: Die Suat (1) begann im Quellgebiet des Alsbachs (2) (mit Nebenarmen (3), (4) und (5)) und mündete im heutigen Kreuzungsbereichs von Süchtelner und Alsstraße in den Alsbach (2). Urkataster von 1812.

Die **Suat**[135] war ein Wassergraben, der seinen Anfang auf Höhe der heutigen Buschallee hatte. Von dort aus floss er entlang der heutigen Eickener Straße, knickte dann nach Nordosten ab, folgte der heutigen Konzenstraße, wand sich dann Richtung Osten und mündete etwa im heutigen Kreuzungsbereich der Künkel- mit der Alsstraße in den Alsbach.

Die Suat entwässerte den Bereich von der Kaiser-Friedrich-Halle bis zur Bergstraße. Ihr Wasser wurde vor etwa 100 Jahren zum Löschen des Kokses bei der Gewinnung des Gases in den damaligen Stadtwerken südwestlich der Süchtelner Straße verwendet.[136]

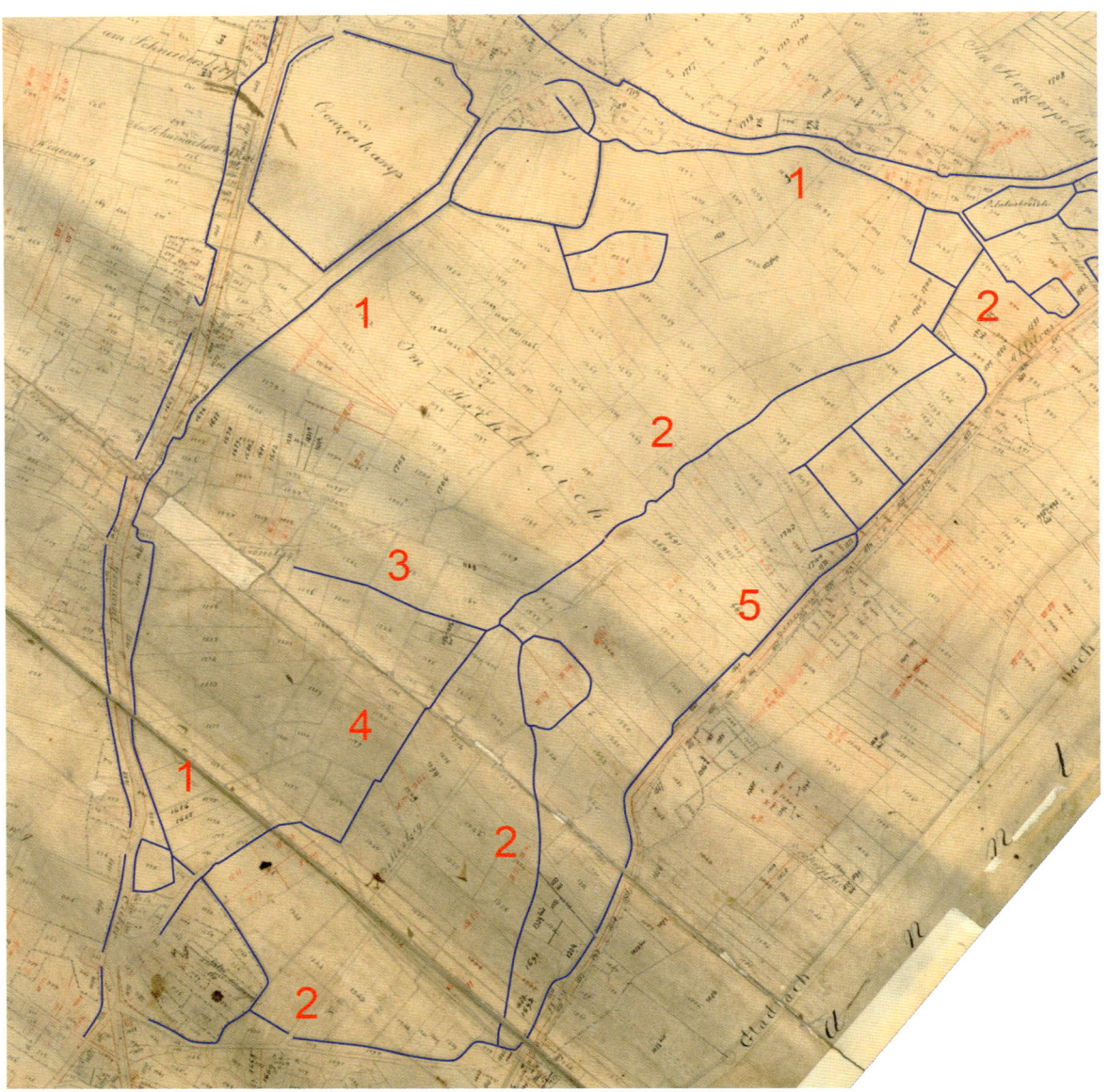

---

135 = Soth.
136 Mündliche Überlieferung.

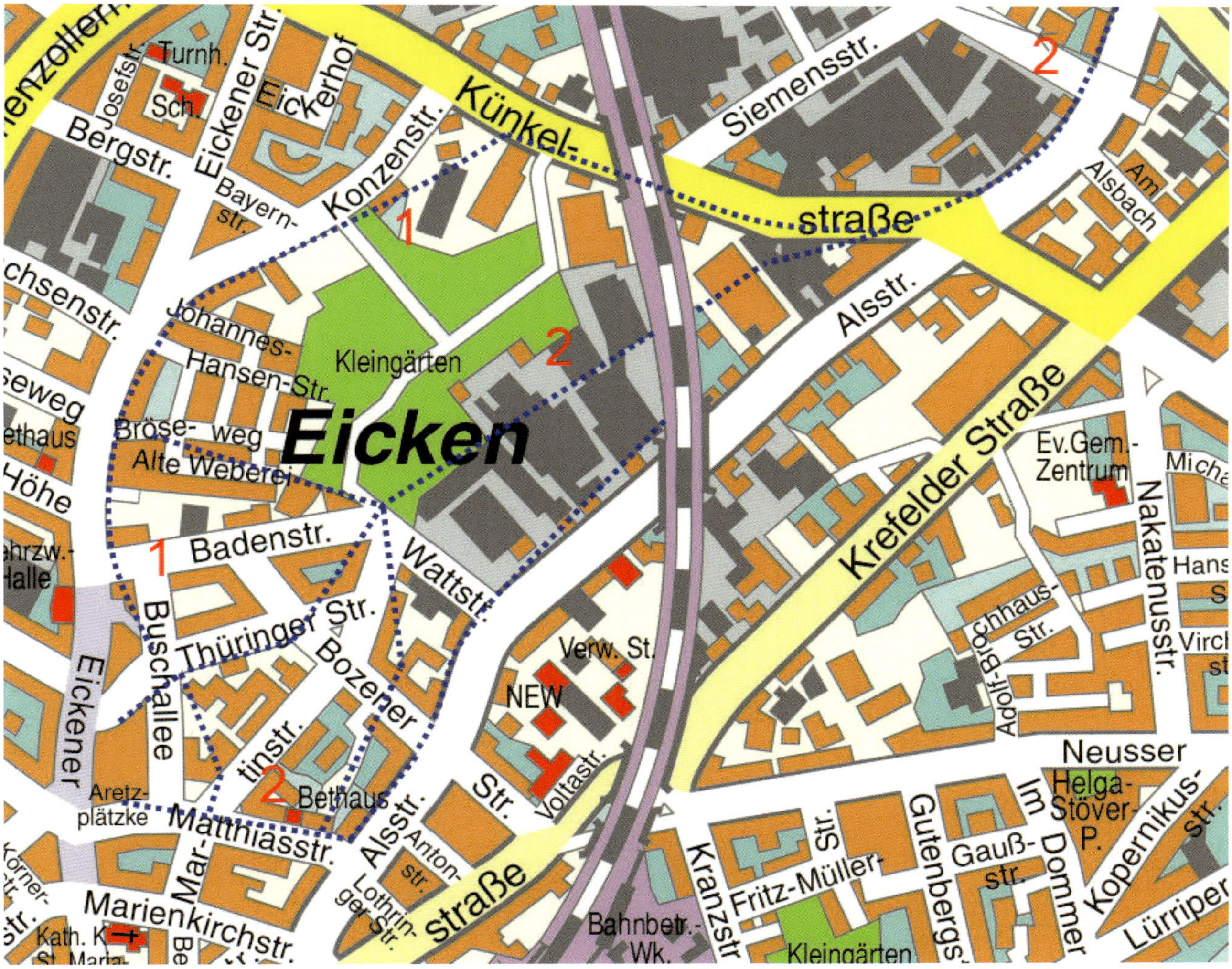

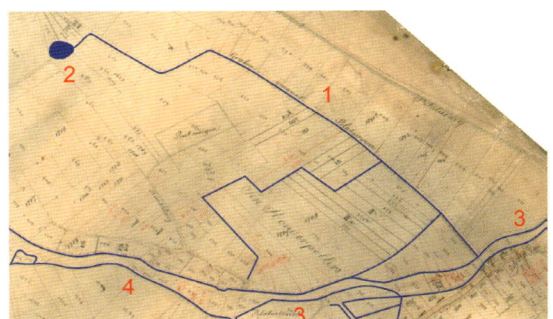

Zwischen der Künkelstraße und der Süchtelner Straße lag früher ein Sumpfloch. Das überlaufende Wasser floss in der sog. **Pilatusrinne** in südöstliche Richtung und mündete auf Höhe der heutigen Alsstraße in den Alsbach.

Abb. 163: In Eicken ist heute von der Suat (1) und vom Alsbach (2) nichts mehr zu sehen. Amtliche Stadtkarte Mönchengladbach, 2015.

Abb. 164: Von einem Sumpfloch (2) aus floss das überlaufende Wasser in der Pilatusrinne (1) zum Alsbach (3). Ebenfalls auf der Karte zu sehen ist ein Teil der Suat (4). Urkataster von 1812.

Abb. 165: Weder das Sumpf-loch, die Pilatusrinne (1) noch der Alsbach (2) sind heute erhalten. Amtliche Stadtkarte Mönchengladbach, 2015.

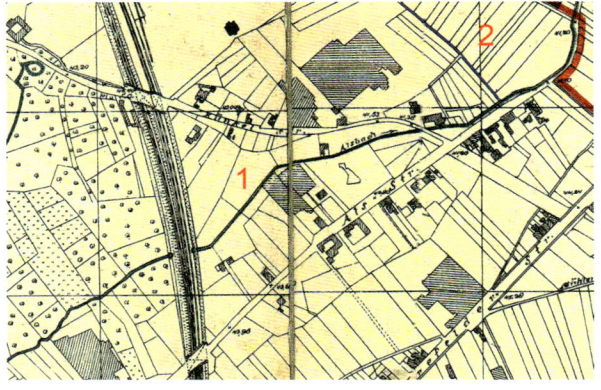

Abb. 166: Der Alsbach (1) zwischen der Alsstraße und der Künkelstraße. Oben rechts auf der Karte ist die Pilatusrinne (2) zu erkennen. Plan der Stadt M. Gladbach, 1909.

Kurz hinter Eicken wand sich der **Alsbach** Richtung Norden und floss weiter nach Engelbleck, das er etwa entlang der heutigen Engelblecker Straße durchfloss. Auf dem Urkataster ist zu erkennen, dass der Verlauf zu Beginn des 19. Jahrhunderts im Rahmen des Ausbaus der Engelblecker Straße geändert wurde.

Abb. 167: Auf dem Urkataster sind der ursprüngliche und der geänderte Verlauf des Alsbachs in Engelbleck zu erkennen. Urkataster von 1812.

Abb. 168: Engelbleck heute. Amtliche Stadtkarte Mönchengladbach, 2015.

Von Engelbleck aus floss der Alsbach weiter in Richtung Neuwerk. Dort verlief er zunächst entlang der heutigen Bendhütter Straße und dann entlang des Molitorwegs. Zwischen dem Molitorweg und der Engelblecker Straße lag früher ein Weiher, der heute nicht mehr existiert. Westlich vom Alsbach lag das Kloster Neuwerk.

Die erste urkundliche Erwähnung des **Klosters Neuwerk** stammt aus dem Jahr 1135, als den Schwestern einer neu errichteten Kapelle von Erzbischof Bruno in Köln der Zehnte einiger umliegenden Höfe zugesprochen wurde. Das Kloster bestand bis 1802, dann wurde es im Rahmen der Säkularisation aufgelöst.[137]

Anschließend kreuzte der **Alsbach** die Dammer und die Abtshofer Straße. Dahinter teilte er sich in zwei Arme und umfloss den heutigen Peter-Schumacher-Platz. Anschließend vereinigten sich beide Arme wieder und der Alsbach floss entlang des heutigen Gathersweg, knickte dann zunächst scharf nach Nordosten und dann nach Westen ab. In diesem Bereich befindet sich heute die Bezirkssportanlage.

Abb. 169: Der Alsbach in Neuwerk. Urkataster von 1812.

Abb. 170: Auch in Neuwerk ist heute nichts mehr vom Alsbach zu sehen. Amtliche Stadtkarte Mönchengladbach, 2015.

137 Neuwerk, Klosterkirche.

Abb. 171: Der Alsbach (1) in der Donk. Oben in der Abbildung ist die Mündung in den Wallgraben (2) zu erkennen. In der Bildmitte sind der geplante Nordkanal (5) und ein Teil der Verbindung (3) in den Heimergraben zu sehen. Darunter ist der Rote Bach (4) zu erkennen. Die Abbildung wurde aus zwei Teilen des Urkatasters zusammengesetzt. Urkataster von 1812.

Hinter Neuwerk durchfloss der Alsbach den südlichen Teil des Klosterbruchs, der später auch Stadtwald genannt wurde und heute Donk heißt. In diesem Abschnitt wurde der Alsbach auch Schwarzbach genannt.

Kurz vor der Grenze zu Viersen knickte der Alsbach nach Norden ab, nahm den Rote Bach auf und mündete nördlich von der Donk in den Wallgraben – einem alten Abschnitt der seinerzeit nach Neersen umgelegten Niers.

Der **Rote Bach** entsprang im Klosterbruch, floss in nordwestliche Richtung und mündete kurz vor der Stadtgrenze zu Viersen in den Alsbach. Bis zum Ende des 20. Jahrhunderts war der Rote Bach in der Stadtkarte eingezeichnet. Heute ist er komplett verschwunden.

Ab etwa Ende des 19. Jahrhunderts ist in den Karten nördlich des geplanten Nordkanals eine schnurgerade Verbindung zwischen dem Alsbach und dem Heimergraben in Viersen eingezeichnet. Bei Bruch nahm der Heimergraben noch den aus Düpp kommenden Hammer Bach auf und mündete unterhalb der Gibbermühle bei Bökel in die Niers.

Heute gibt es in der Donk bei Mackeshütte einen Wasserlauf, der in den Karten als **Alsbach** bezeichnet wird. Dieser Wasserlauf ist jedoch erst im Rahmen der Kanalisation des Alsbachs um 1930 entstanden.

Abb. 172: Der »neue« Alsbach in der Donk, 2015.

Der heute fast vollständig kanalisierte Alsbach tritt hier an die Erdoberfläche und fließt in einem künstlich angelegten offenen Kanal in Richtung Rückhaltebecken an der Stadtgrenze zu Viersen. Von dort aus fließt er vorbei an Viersen-Donk, nimmt den Heimergraben auf und mündet schließlich nördlich von Viersen in die Niers.

Abb. 173: In der Donk ist heute ein Teil des Alsbachs sichtbar. Dieser Abschnitt (2) entspricht jedoch nicht dem ursprünglichen Verlauf des Alsbachs (1). Vielmehr handelt es sich um einen künstlich angelegten offenen Kanal. Amtliche Stadtkarte Mönchengladbach, 2015.

Der **Hommelsbach** begann auf Höhe der heutigen Lindenstraße und floss etwa dort, wo heute die Eisenbahnstrecke verläuft. Er entwässerte das Gebiet zwischen Großheide und Windberg. In seinem Oberlauf wurde er auch Renne[138] oder Rös genannt.

Abb. 174: Der Hommelsbach floss von Großheide und Windberg zunächst in östliche Richtung. Urkataster von 1812.

138 = Rinne, Wasserrinne.

Abb. 175: Der Hommelsbach floss etwa dort, wo heute die Eisenbahnlinie verläuft. Amtliche Stadtkarte Mönchengladbach, 2015.

Der Hommelsbach floss zunächst in östliche Richtung und durchfloss das »Rosental« auf Höhe des heutigen Städtischen Hauptfriedhofs.[140] Nachdem er den Spielberg und den heutigen Nordwald an dessen Südseite passiert hatte, knickte der Hommelsbach nach Norden ab und floss weiter Richtung Bettrath und Hoven.

Abb. 176: Der Hommelsbach floss vorbei am Spielberg. Urkataster von 1812.

Kurz vor Hoven knickte der Hommelsbach zunächst nach Osten und dann direkt wieder nach Norden ab und floss anschließend entlang der heutigen Hovener Straße Richtung Donk.

139 Mackes, Neuwerk II, S. 26.
140 Mackes, Neuwerk II, S. 26.

Im Kreuzungsbereich der Hovener und der Von-Groote-Straße zweigte vom Hommelsbach die sog. Betterfluith ab.

Abb. 177: An der Südseite des Nordwalds knickte der Hommelsbach nach Norden ab. Amtliche Stadtkarte Mönchengladbach, 2015.

Abb. 178: Kurz vor Hoven zweigte die Betterfluith (2) vom Hommelsbach (1) ab. Urkataster von 1812.

Abb. 179: Der Hommelsbach (1) floss entlang der heutigen Hovener Straße, die Betterfluith (2) durchquerte Bettrath. Amtliche Stadtkarte Mönchengladbach, 2015.

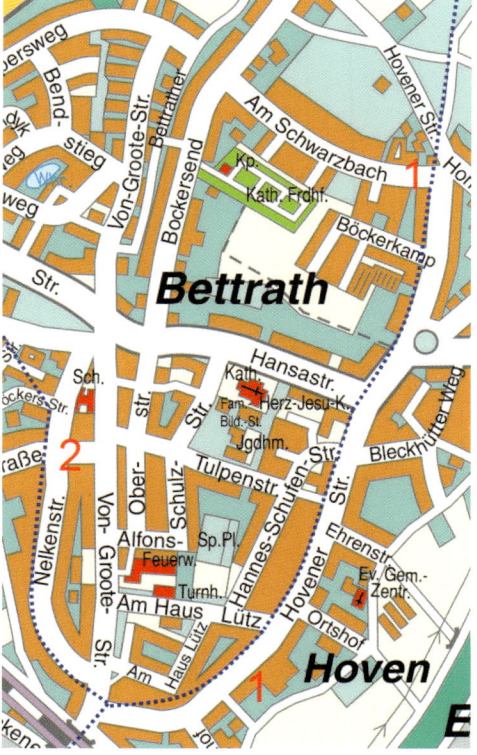

Abb. 180: Der Hommelsbach
(1) mündete nördlich von
Bettrath und Hoven in den
Alsbach (2). Urkataster von
1812.

Nördlich von Bettrath und Hoven mündete der Hommelsbach schließlich in den Alsbach. Heute ist vom Hommelsbach nichts mehr zu sehen.
Er wurde kurz vor dem Ersten Weltkrieg kanalisiert.[141] Das Waldgebiet
nördlich von der ehemaligen Mündung des Hommelsbachs in den Alsbach heißt heute Hommelsbruch.

Abb. 181: Die Mündung des
Hommelsbachs (1) in den
Alsbach (2) lag südöstlich
von der heutigen Autobahn-
anschlussstelle Mönchen-
gladbach-Neuwerk. Amtliche
Stadtkarte Mönchengladbach,
2015.

141 Mackes, Neuwerk II, S. 26.

An der Stadtgrenze zwischen Neuwerk und Viersen begann der **Lockgraben**. Nahe der ehemaligen Lungenheilanstalt – dem heutigen Franziskushaus – nahm er seinen Anfang und verlief Richtung Nordosten entlang der Neuwerker Landwehr.

Abb. 182: Der Lockgraben begann früher auf Höhe des heutigen Franziskushaus. Urkataster von 1812.

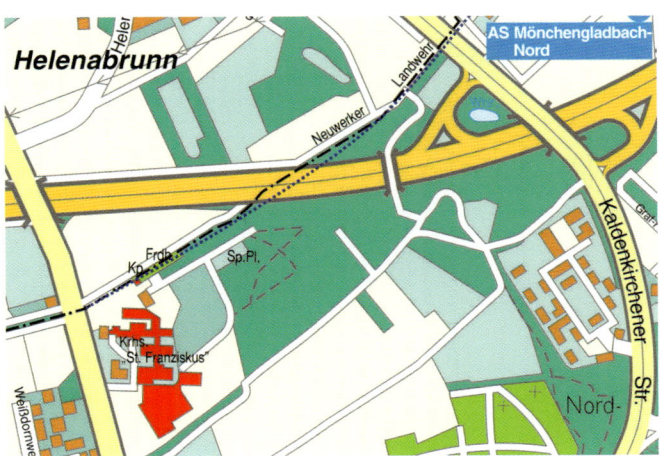

Abb. 183: Der ehemalige Verlauf des Lockgraben am Franziskushaus. Amtliche Stadtkarte Mönchengladbach, 2015.

Auf dem Urkataster endet der Lockgraben bei der »Thieshütte«. Es ist aber anzunehmen, dass es eine Verbindung zur Betterfluith gab, die von Bettrath kam und weiter entlang der Stadtgrenze zu Viersen Richtung Nordosten floss.

Abb. 184: Auf dem Urkataster endet der Lockgraben (1) bei der Thieshütte. Eine Verbindung zur Betterfluith (2) ist nicht zu erkennen. Urkataster von 1812.

Abb. 185: Heute beginnt der Lockgraben kurz vor der Eisenbahnstrecke zwischen Mönchengladbach und Viersen. Amtliche Stadtkarte Mönchengladbach, 2015.

Heute beginnt der Lockgraben kurz vor der Eisenbahnstrecke zwischen Mönchengladbach und Viersen und verläuft überwiegend entlang der Stadtgrenze zu Viersen. Ab der Thieshütte[142] folgt er dem ehemaligen Bachbett der Betterfluith. Er endet am Rückhaltebecken nordwestlich von Mackeshütte.

Die **Betterfluith** begann im heutigen Kreuzungsbereich der Hovener Straße und der Von-Grote-Straße. Sie wurde u.a. vom Hommelsbach mit Wasser versorgt und entwässerte Bettrath.

Die Betterfluith verlief zunächst in nördliche Richtung entlang der Nelkenstraße, knickte dann nach Nordwesten ab, kreuzte die Hackesstraße und verlief anschließend entlang der Lockhütter Straße.

Abb. 186: Die Betterfluith entwässerte Bettrath. Urkataster von 1812.

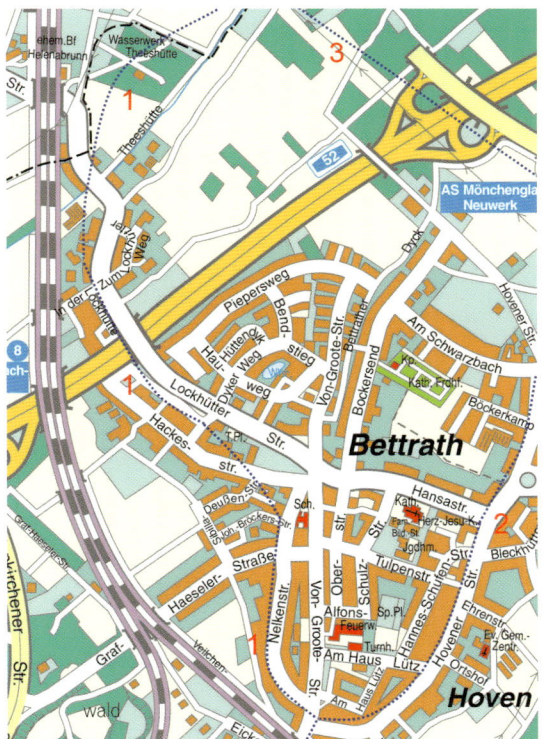

Abb. 187: Der ehemalige Verlauf der Betterfluith (1) durch Bettrath. Ebenfalls in die Karte eingezeichnet wurden der Hommelsbach (2) und der Alsbach (3). Amtliche Stadtkarte Mönchengladbach, 2015.

142   Heute: Theeshütte.

Bei Theeshütte[143] knickte die Betterfluith nach Nordosten ab und verlief entlang der Stadtgrenze zwischen Neuwerk und Viersen. In der Donk verlief sie parallel zum Alsbach, kreuzte den geplanten Nordkanal und mündete kurz hinter dem Alsbach in den Wallgraben – einem alten Abschnitt der seinerzeit nach Neersen umgelegten Niers.

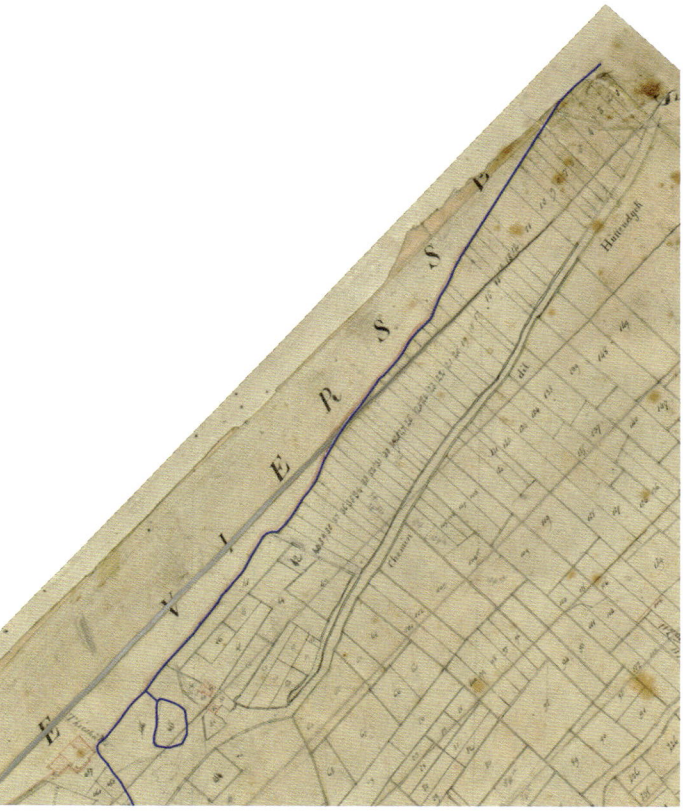

Abb. 188: Bei Thieshütte knickte die Betterfluith nach Nordosten ab. Urkataster von 1812.

Abb. 189: Die Betterfluith verlief entlang der Stadtgrenze zwischen Neuwerk und Viersen. Urkataster von 1812.

143   = Thieshütte.

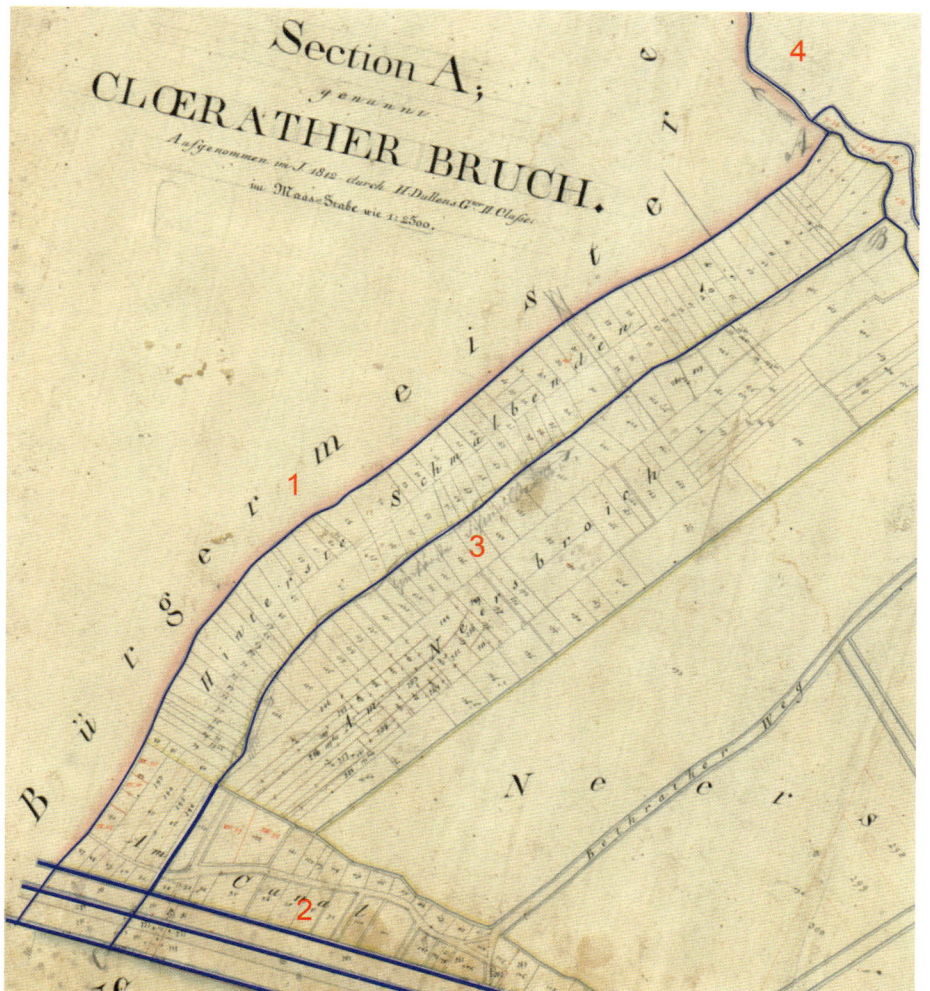

Abb. 190: Die Betterfluith (1) verlief parallel zum Alsbach (3), kreuzte den geplanten Nordkanal (2) und mündete hinter dem Alsbach in den Wallgraben (4). Urkataster von 1812.

Abb. 191: Der Lockgraben (1) folgt dem alten Verlauf der Betterfluith. Ebenfalls in die Karte eingezeichnet ist der ehemalige Verlauf des Alsbachs (2). Amtliche Stadtkarte Mönchengladbach, 2015.

Heute ist von der Betterfluith in Bettrath nichts mehr zu sehen. Ab der Theeshütte folgt der Lockgraben in etwa ihrem ehemaligen Verlauf, verläuft entlang der Stadtgrenze zu Viersen und endet am Rückhaltebecken nordwestlich von Mackeshütte.

Bei der **Gladbachischen Kall** handelte es sich um einen alten Wasserweg, der auch als Entwässerungskanal für Donk und Neersbroich diente und die Niers entlastete. Er zweigte nördlich vom Abtshof von der Niers ab und verlief parallel zur Niers durch Neersbroich. Er passierte die »Luehneshött« und floss bei »to Wetter« durch den »Broel« in den Kloerbruch.[144]

Abb. 192: Die Gladbachische Kall (1) zweigte beim Abtshof (4) von der Niers (2) ab. Ebenfalls auf der Karte zu sehen ist der Gladbach (3) kurz vor seiner Mündung in die Niers (2) »am Matthock«. Urkataster von 1812.

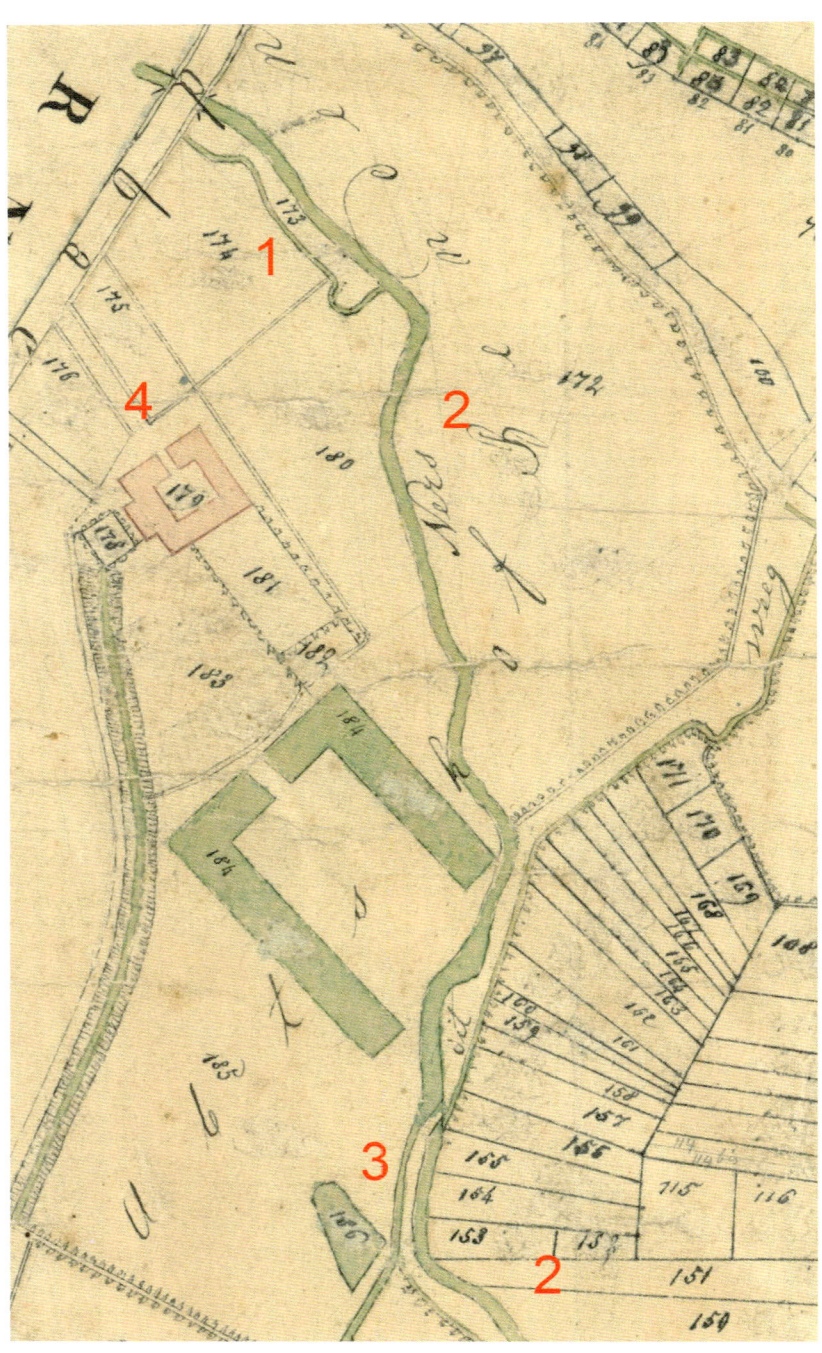

144   Mackes, Neuwerk II, S. 96.

Abb. 193: Die Gladbachische Kall (1) floss parallel zur Niers (2) durch Neersbroich. Ebenfalls auf der Karte zu sehen sind die Broichmühle (4) und der geplante Nordkanal (3). Urkataster von 1812.

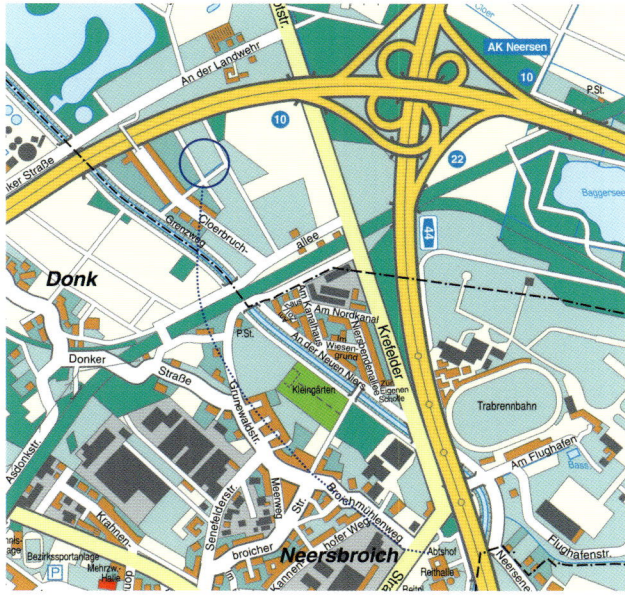

Abb. 194: Der ehemalige Verlauf der Gladbachischen Kall, eingezeichnet in die aktuelle Stadtkarte. Amtliche Stadtkarte Mönchengladbach, 2015.

Abb. 195: Die Gladbachische Kall (1) querte den geplanten Nordkanal (5) und den Wallgraben (4) und endete in einem Sumpfloch (2), das wahrscheinlich eine Verbindung zur Niers (3) hatte. Urkataster von 1812.

Nördlich vom Nordkanal endete die Gladbachische Kall in einem Sumpfloch, das wahrscheinlich eine Verbindung zur Niers hatte.[145] Heute ist von der Gladbachischen Kall nichts mehr erhalten.

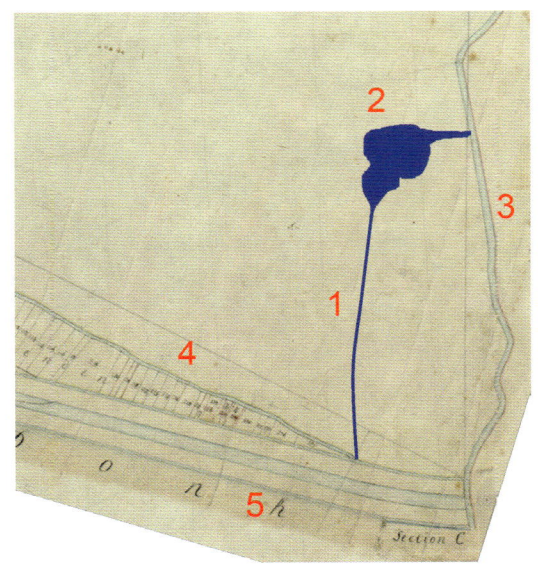

Der **Wallgraben** war ein alter Abschnitt der Niers, die im Bereich zwischen Neersbroich und Neersen in frühen Jahren weiter nach Norden verlegt wurde, um die Neersener Schlossmühle mit Wasser zu versorgen. Er begann etwa auf Höhe des ehemaligen Bahnhofs Neersen, verlief in nordwestliche Richtung, durchquerte den Cloerbruch und mündete hinter Neersen in die »neue« Niers.

Abb. 196: Der Wallgraben (1) durchquerte den Cloerbruch und mündete hinter Neersen in die Niers (2). Ebenfalls auf der Karte zu sehen sind der Nordkanal (4), der Alsbach (5), die Betterfluith (6) und der Hamgraben (3). Urkataster von 1812.

145 Mackes, Neuwerk II, S. 96.

Um 1937 wurde die Niers nochmals verlegt und auch begradigt. Seit dem folgt sie in etwa wieder ihrem alten Verlauf, der bis dahin als Wallgraben bezeichnet wurde.

Westlich von Neersen gibt es heute auf Willicher Stadtgebiet noch einen Wallgraben, der – allerdings stark begradigt – ein Stück dem alten Wallgraben folgt.

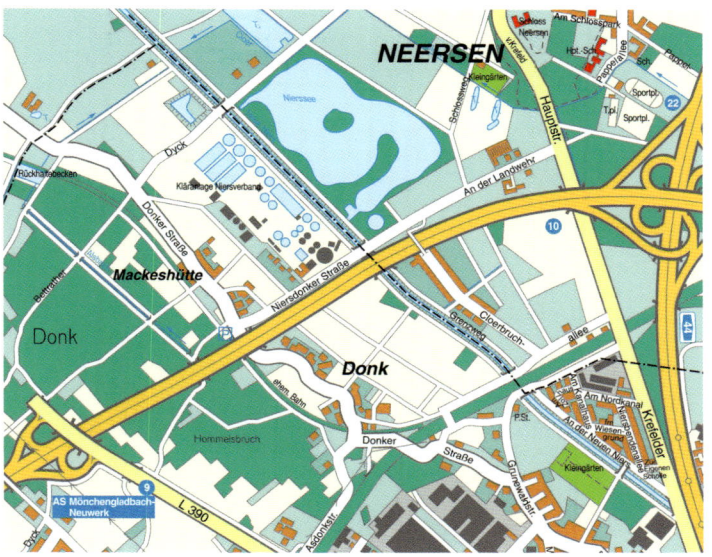

Abb. 197: Der heutige Verlauf der Niers zwischen Neersbroich und Neersen. Amtliche Stadtkarte Mönchengladbach, 2015.

Nördlich von Neersbroich zweigte der **Schwarze Graben** von der Niers ab, durchfloss den früher zu Neuwerk gehörenden Cloerather Bruch und mündete etwa auf gleicher Höhe wie die Betterfluith in den Wallgraben.

Heute ist der Schwarze Graben nicht mehr erhalten.

Abb. 198: Der Schwarze Graben (1) verband die Niers (2) mit dem Wallgraben (4). Ebenfalls auf der Karte zu sehen sind der Hamgraben (3), der Alsbach (5) und die Betterfluith (6). Der vermutete Verlauf des Schwarzen Grabens wurde nachträglich in die Karte eingezeichnet. Urkataster von 1812.

Der **Hamgraben** zweigte kurz vor Neersen von der Niers ab, durchfloss den früher zu Neuwerk gehörenden Cloerather Bruch und mündete hinter Schloss Neersen wieder in die Niers. Vermutlich wurde das Wasser der Niers in den Hamgraben umgeleitet, wenn Wartungsarbeiten an der Neersener Schlossmühle durchgeführt werden mussten. Heute ist der Hamgraben nicht mehr erhalten.

Abb. 199: Der Hamgraben (2) zweigte von der Niers (1) ab und mündete hinter dem Mühlenweiher (3) der Neersener Schloss-Mühle wieder in die Niers (1). Urkataster von 1812.

Der nördliche Bereich von Mönchengladbach wurde teilweise vom **Nordkanal** durchflossen: einer Kanalverbindung zwischen Neuss und Antwerpen, die jedoch nie vollständig realisiert wurde.

Im Jahr 1806 verhängte Kaiser Napoleon I. die sogenannte Kontinentalsperre gegen England. Kein europäisches Küstenvolk durfte Waren von England beziehen oder englische Schiffe in seine Häfen einfahren lassen. Das Königreich Holland, das von Napoleons Bruder König Ludwig regiert wurde und die Rheinmündung kontrollierte, wiedersetzte sich dieser Sperre und trieb weiter Handel mit England. Unter anderem, um den holländischen Anteil an der Rheinschifffahrt zu minimieren, plante Napoleon darauf hin eine Wasserstraße, die vom Rhein aus ausschließlich durch französisches Gebiet zum Meer führen sollte.[146]

Bereits 1804 hatte sich Napoleon am Niederrhein aufgehalten und die Überreste der Fossa Eugeniana besichtigt: eine angestrebte Kanalverbindung zwischen Rheinberg und Venlo, die zwischen 1626 und

146 Nolden, Heimat, S. 115, u.a.

1628 gebaut, aber nie vollendet wurde.[147] Wahrscheinlich war Napoleon bereits bei diesem Aufenthalt auf der Suche nach einer Kanalroute vom Rhein zu Meer.

1808 wurde schließlich mit dem Bau des sogenannten Nordkanals[148] begonnen. Von Neuss über Venlo bis Antwerpen sollte auf einer Gesamtstrecke von etwa 200 km ein Kanal gegraben werden.[149]

Abb. 200: Der Nordkanal (oben auf der Karte) an der Grenze zur Gemeinde Schiefbahn, Karte von 1868.

Als Napoleon zwei Jahre später seinen Bruder als König von Holland absetzte und Holland mit seinem Kaiserreich vereinte, erlangte er die Kontrolle über die Rheinmündung und der Nordkanal wurde somit überflüssig. Die Arbeiten wurden eingestellt und der Nordkanal geriet zunächst in Zerfall.

1823 wurde die Strecke von Neuss bis Neersen für den Binnenverkehr schiffbar gemacht. Hauptsächlich Kohle sollte über den Kanal transportiert werden.[150] Drei Jahre später pachtete Gustav Stinnes den Nordkanal für 18 Jahre, ließ ihn bis Neuwerk ausbauen und vertiefen. Gegenüber des Neuwerker Kanalhauses, in dem Stinnes eine Wirtschaft einrichtete, wurde ein Lagerplatz für Kohlen geschaffen. Die Kohlen wurden von Uerdingen aus durch vier Schiffe, die vom Ufer

147 Scheller, Nordkanal, S. 5f., u.a.
148 Grand Canal Du Nord.
149 Mackes, Neuwerk II, S. 143.
150 Nolden, Heimat, S. 116.

aus von Pferden gezogen wurden, nach Neuwerk transportiert. Bis in die 1840er Jahre lief der Betrieb, dann wurde er eingestellt.[151]

Anschließend wurde der Nordkanal für den Personenverkehr genutzt. Zweimal täglich verkehrte ein von Pferden gezogenes Schiff zwischen Neuss und dem Neuwerker Kanalhaus. Doch schon nach zwei Jahren wurde dieser Betrieb wegen mangelnder Rentabilität eingestellt. In den folgenden Jahren wurde der Kanal vernachlässigt und versumpfte und versandete immer mehr.[152]

Abb. 201: Der Nordkanal auf Höhe des Bahnhofs Schiefbahn, 1920.

In der folgenden Zeit diente der Nordkanal der Entwässerung der angrenzenden Bruchgebiete.

Abb. 202: Das Neuwerker Kanalhaus kurz vor seinem Abriss, 1979.

Abb. 203: Der geplante Verlauf des Nordkanals. Amtliche Stadtkarte Mönchengladbach, 2015.

1999 wurde ein internationaler Wettbewerb ausgeschrieben, in dessen Rahmen Ideen für landschaftliche Inszenierungen gesucht werden sollten, um an den Nordkanal zu erinnern. Basierend auf dem Entwurf »Agence Ter«, der in Paris unter der Leitung von Prof. Henri Bava entstand, wurde schließlich die »Fietsallee« realisiert. Die Fietsallee – ein Radweg – führt entlang der geplanten und der noch erhaltenen Abschnitte des Nordkanals. Der Verlauf des Radwegs wurde durch Markierungsstangen und ein auf den Boden gemaltes »blaues Band« gekennzeichnet. Außerhalb geschlossener Ortschaften wurde die Trasse des Nordkanals

151 Mackes, Neuwerk II, S. 145.
152 Mackes, Neuwerk II, S. 145.

durch vier Meter hohe orange-weiße Markierungsstangen gekennzeichnet.[153]

Abb. 204: Die ehemalige Trasse des Nordkanals ist teilweise durch orange-weiße Markierungsstangen gekennzeichnet, z. B. auf Höhe der Kläranlage Neuwerk, 2010.

Der Flughafen Mönchengladbach verfügt über ein Entwässerungssystem, dessen Teil der **Schauenburggraben** ist. Der offene Teil des Grabens verläuft parallel zur Straße »Am Flughafen«. Der größte Teil des Schauenburggrabens verläuft unterirdisch unter dem Flughafengelände hindurch. Im Norden ist der Schauenburggraben verbunden mit dem Eschertgraben, der in den Nordkanal mündet. Südlich von der Trabrennbahn mündet der Schauenburggraben in die Niers.

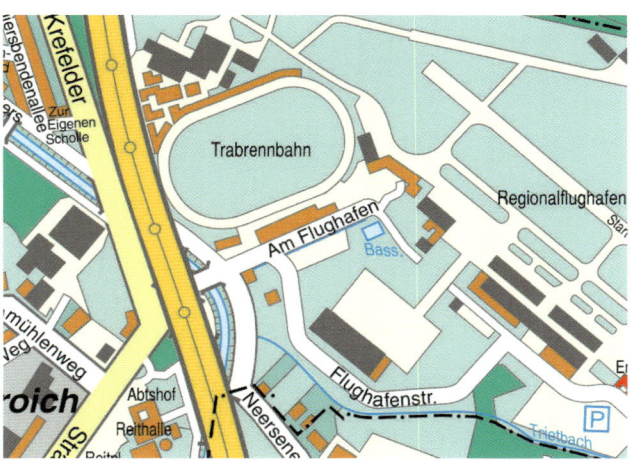

Abb. 205: Der offene Abschnitt des Schauenburggrabens verläuft parallel zur Straße »Am Flughafen«. Amtliche Stadtkarte Mönchengladbach, 2015.

153   Nordkanal, Fietsallee.

Vom Volksgarten über Lürrip
nach Uedding

Bungtbach, Schwarzbach, Labberbach, Laakbach (Laak, Lake), Obere Flöth, Untere Flöth, Entwässerungskanal Uedding

Der **Bungtbach** entsprang zwischen Hardterbroich und Bonnenbroich aus zwei Quellen. Auf dem Urkataster ist die erste Quelle im heutigen Kreuzungsbereich der Dohler Straße und der Ritterstraße zu erkennen. Die zweite Quelle lag im heutigen Kreuzungsbereich der Dohler Straße und der Moselstraße. Ebenfalls zwischen Harderbroich und Bonnenbroich nahm der Bungt-

Abb. 206: Das Quellgebiet des Bungtbachs (1) zwischen Hardterbroich und Bonnenbroich. Im linken Bereich der Karte ist der Rheydter Grenzbach (2) zu erkennen. Urkataster von 1820.

Abb. 207: Der Bungtbach beginnt heute in Hardterbroich an der Stiegerfeldstraße. Amtliche Stadtkarte Mönchengladbach, 2015.

bach den aus Rheydt kommenden Rheydter Grenzbach auf und floss in nordöstliche Richtung zum heutigen Volksgarten.

Heute verfügt der Bungtbach über keine eigenen Quellen mehr. Er wird nur noch durch Regenwasser aus der Kanalisation gespeist. An der Stiegerfeldstraße tritt der Regenwasserkanal an die Erdoberfläche und bildet den Bungtbach, der von dort in nordöstliche Richtung zum Volksgarten fließt. Auf Höhe der Kleingartenanlage an der Stiegerfeldstraße nimmt er einen Wassergraben auf, der an der Eichenstraße beginnt. Auch parallel zur Straße »An den Zwölf Morgen« verläuft hinter den Häusern ein Regenwassergraben, der kurz vor der Hardterbroicher Straße in den Bungtbach mündet.

In Hardterbroich floss der Bungtbach früher entlang der Hardterbroicher Straße ein kurzes Stück Richtung Westen, knickte dann nach Norden ab und durchquerte den heutigen Volksgarten. Dieses Verbindungsstück ist heute nicht mehr erhalten. Im Kreuzungsbereich der heutigen Hardterbroicher Straße, der Bungtstraße und der Carl-Diem-Straße nahm der Bungtbach den von Dahl kommenden Dahlener Bach auf.

Nördlich von Hardterbroich schlängelte sich der Bungtbach durch die Bungt und entwässerte deren moorige Wiesen.[154]

Abb. 208: An der Stiegerfeldstraße tritt der Regenwasserkanal an die Erdoberfläche und bildet ab dort den Bungtbach, 2015.

Abb. 209: Der renaturierte Bungtbach zwischen Stiegerfeldstraße und Volksgarten, 2015.

154   Klinge, Bäche, S. 163.

Ende des 19. Jahrhunderts vermachte der Unternehmer Peter Krall das in der Bungt gelegene über 16 Hektar große Grundstück »Kamper Bend« der Stadt Mönchengladbach. In den Jahren zuvor hatte er das Grundstück von den Arbeitern seiner Fabrik zu einem Park umgestalten lassen. Dieser Park wurde 1898 eröffnet und trug auf Verheißen des Stifters den Namen »Volksgarten«. In den Jahren darauf wurde die Fläche durch weitere Stiftungen und durch Käufe der Stadt vergrößert. 1926 wurde im Volksgarten das »Volksbad« eröffnet, das ursprünglich mit dem Wasser des Bungtbachs gespeist werden sollte.[155] Dieser Plan wurde aber wieder verworfen, da die Wassermenge des Bungtbachs zu gering war.[156] Zwischen der Gierth- und der Compesmühle mündete der Bungtbach in den Gladbach.

Abb. 210: Der Verlauf des Bungtbachs (1) durch den heutigen Volksgarten. Im oberen Bereich der Karte ist die Mündung des Bungtbachs in den Gladbach (2) zu sehen, unten links der Dahlener Bach (3). Urkataster von 1812.

155 RP-Online, 15. August 2013.
156 Klinge, Bäche, S. 163.

Heute unterquert der Bungtbach die Hardterbroicher Straße und durchfließt anschließend den Volksgarten.

Nördlich des Volksgartens unterquert der Bungtbach die Peter-Krall-Straße, passiert das Volksbad, unterquert die Korschenbroicher Straße, den Lürriper Bruchweg und die Bahnlinie zwischen Mönchengladbach und Neuss und mündet schließlich in den offenen Gladbachkanal.

Der Verlauf des Bungtbachs wurde im Laufe der Zeit mehrmals geändert. So wurde der Bungtbach zum Beispiel 1910/11 begradigt und tiefer gelegt, damit das Wasser aus den neu angelegten Entwässerungsgräben im Bungtwald besser abfließen konnte.[157] Des Weiteren wurden der Boden des Bachs und das Ufer im unteren Bereich mit Natursteinplatten verstärkt.

Abb. 211: Der renaturierte Bungtbach im Volksgarten, 2015.

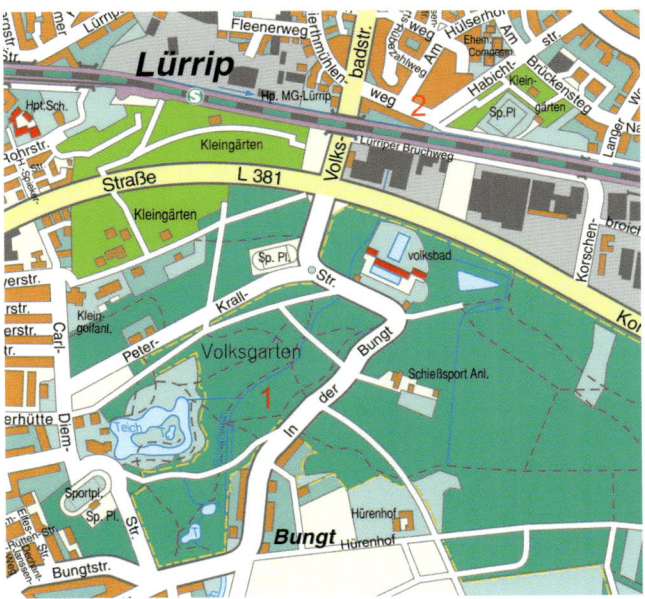

Abb. 212: Der heutige Verlauf des Bungtbachs (1) durch den Volksgarten. Im oberen Bereich der Karte ist die Mündung des Bungtbachs in den offenen Gladbachkanal (2) zu sehen. Amtliche Stadtkarte Mönchengladbach, 2015.

Abb. 213: »Brücke« über den Bungtbach, 1995.

157 Kreuzberg, Pesch, S. 115.

Im Bereich noch vor dem Volksgarten wurden eine Stauwand errichtet und ein Graben zum Weiher der Waldschänke – eine heute nicht mehr bestehende Gaststätte im Volksgarten – gegraben. Von dort aus wurde ein Verbindung zum »Eiskeller« geschaffen.[158] Beim Eiskeller handelte es sich um ein Gewölbe, in dem bis zum Sommer Eisblöcke gelagert wurden, die im Winter aus den beiden Weihern bei der Waldschänke geschnitten wurden. Mit dem Eis kühlten die Wirte in den Gaststätten das Bier.[159]

Abb. 214: Der Bungtbach und die Waldschänke mit den beiden Weihern auf einer Karte von 1909.

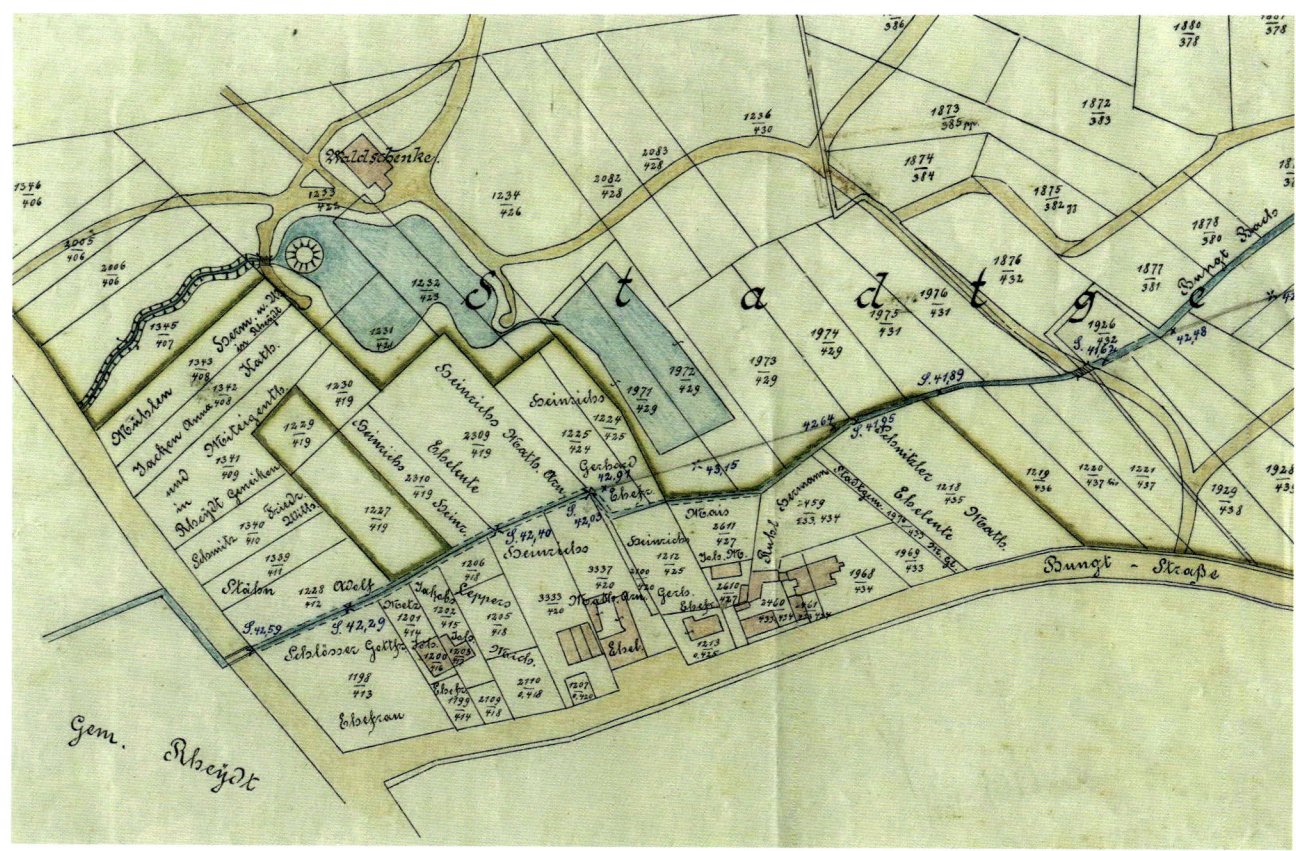

Über einen weiteren Graben wurde das Wasser dann zum Volksgartenweiher geleitet. Die Mündung war nahe der Brücke zur Insel des Volksgartenweihers. Über einen Überlauf gelangte das Wasser in einen weiteren Graben, der schließlich wieder in den Bungtbach mündetet.

1966 wurde der untere Bereich des Bungtbachs nochmals verstärkt, indem der Boden des Bachs mit »Bordsteinen« befestigt wurde.[160]

In der Zeit von 2010 bis 2014 wurde der Bungtbach in drei Bauabschnitten renaturiert. Ziel war es, den natürlichen Gewässerverlauf wiederherzustellen und entlang des Bachverlaufs Flächen zu schaffen,

158 Kreuzberg, Pesch, S. 78f.
159 RP-Online, 24. November 2009.
160 Kreuzberg, Pesch, S. 78f.

in denen sich das Wasser bei Hochwasser ausbreiten, ansammeln und langsam wieder abfließen kann (sogenannter Retentionsraum). Auf diese Weise soll ein Überlaufen des Bachs und des angeschlossenen Kanalsystems vermieden werden. Darüber hinaus sollen entlang des Bungtbachs ökologisch wertvolle Feuchtwaldbereiche und Feucht-grünlandschaften entstehen. So wird der Lebensraum hiesiger Tier- und Pflanzenarten erweitert und geschützt.[161]

Abb. 215: Zwischen 2010 und 2014 wurde der Bungtbach in weiten Teilen renaturiert, 2010.

Abb. 216: Übergang über den Bungtbach kurz vor der Harderbroicher Straße, 2015.

161   NEW, 3. August 2015.

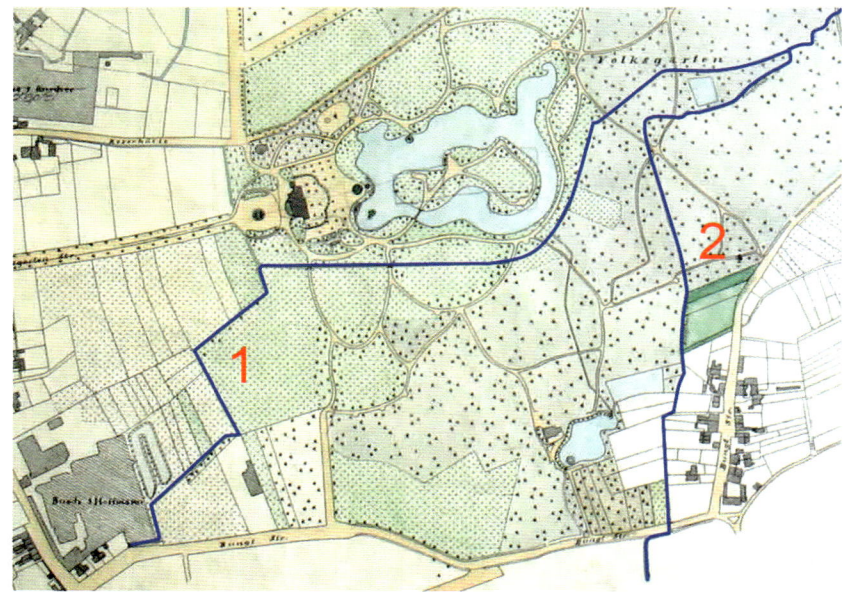

Im ersten Bauabschnitt wurde der Bungtbach im Jahr 2010 von der Korschenbroicher Straße bis zur Peter-Krall-Straße renaturiert. Von 2012 bis 2013 folgte der Abschnitt zwischen der Peter-Krall-Straße und der Hardterbroicher Straße. 2014 schließlich wurde der letzte Abschnitt zwischen der Hardterbroicher Straße und der Stiegerfeldstraße renaturiert.[162]

Auf Höhe der heutigen Fritz-Rütten-Straße standen früher die Fabrikhallen der Firma Busch & Hoffmann. Daneben entsprang ein Bach, über den unter anderem die Abwässer der Fabrik abgeleitet wurden.[163] Da die Abwässer nicht geklärt wurden, sorgten sie für eine starke Verunreinigung des Baches, was auch eine Erklärung für dessen Namen **Schwarzbach** sein kann.

Von den Fabrikhallen aus floss der Schwarzbach in nördliche Richtung, knickte vor dem Weiher im Volksgarten nach Osten ab und mündete nordöstlich vom Weiher in den Bungtbach.

Abb. 217: Der Verlauf des Schwarzbachs (1) von seiner Quelle bis zur Mündung in den Bungtbach (2). Karte von 1906.

Abb. 218: Der Schwarzbach ist heute nicht mehr erhalten. Amtliche Stadtkarte Mönchengladbach, 2015.

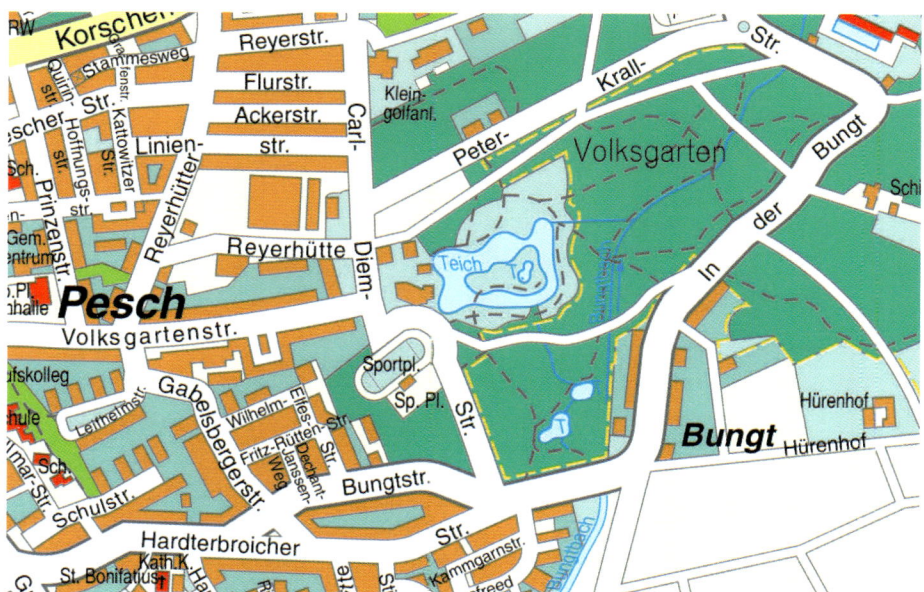

162   NEW, 3. August 2015.
163   Kreuzberg, Pesch, S. 75.

Heute ist vom Schwarzbach nichts mehr erhalten. Auch die Fabrikhallen der Firma Busch & Hoffmann gibt es nicht mehr.

In der Bungt entsprang der **Labberbach**. Er entwässerte das Gebiet östlich der heutigen Straße »In der Bungt«.

Wie auf dem Urkataster zu sehen ist, war das Gebiet nördlich der Bungt von diversen Wassergräben durchzogen. Der Verlauf des Labberbachs ist daher anhand dieser Karte nicht eindeutig zu bestimmen. Zieht man jedoch später erstellte Karten hinzu, wird der Verlauf deutlich.

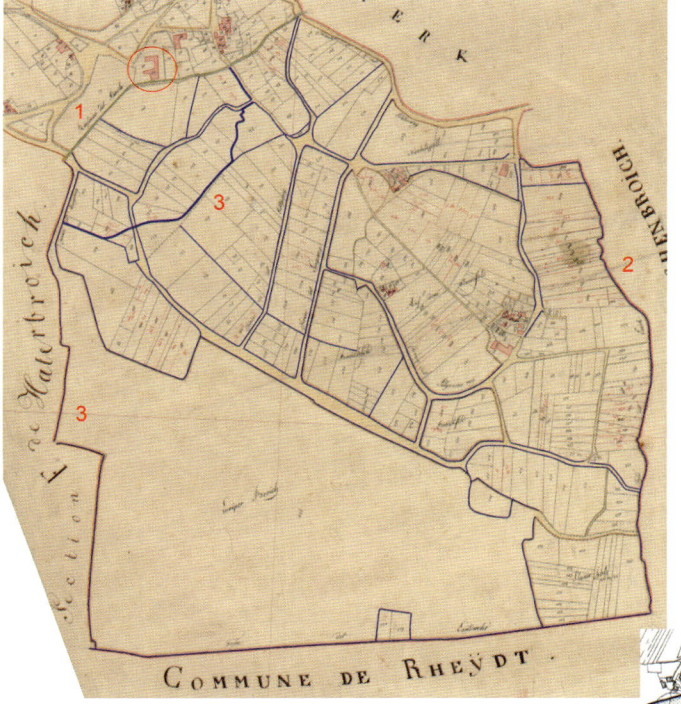

Abb. 219: Der Labberbach (3) entwässerte die Bungt. Der Verlauf südlich der Compesmühle wurde zur Verdeutlichung stärker eingefärbt. Ebenfalls auf der Karte zu sehen sind die Niers (2), der Gladbach (1) und die Compesmühle (rot umkreist). Urkataster von 1812.

Abb. 220: Der Verlauf des Labberbachs (1) auf einer Karte von 1891. Ebenfalls zu erkennen sind der Gladbach (2), der Bungtbach (3) und die Compesmühle (4). Karte von 1891.

In den Labberbach mündeten verschiedene Gräben, die früher die Bungt durchzogen. Etwa auf Höhe des heutigen Volksbads flossen diese Gräben zusammen. Von dort aus floss der Labberbach weiter in nordöstliche Richtung, nahm weitere Gräben auf und mündete hinter der Compesmühle in den Gladbach.

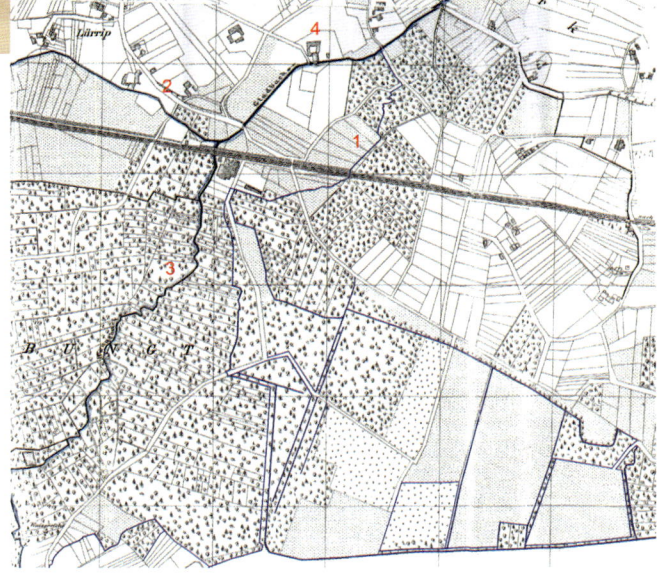

Heute beginnt der Labberbach, der nur noch bei starkem Regen Wasser führt, südöstlich der Schießsportanlage, fließ zunächst Richtung Norden, umfließt das Volksbad und mündet in den Bungtbach.

Abb. 221: Das meist trockene Bachbett des Labberbachs auf Höhe des Volksbads, 2015.

Abb. 222: Der Labberbach (1) ist heute noch in Teilen erhalten. Ebenfalls auf der Karte zu sehen sind der offene Gladbachkanal (2), der Bungtbach (3) und die Gebäude der Compesmühle (rot umkreist). Amtliche Stadtkarte Mönchengladbach, 2015.

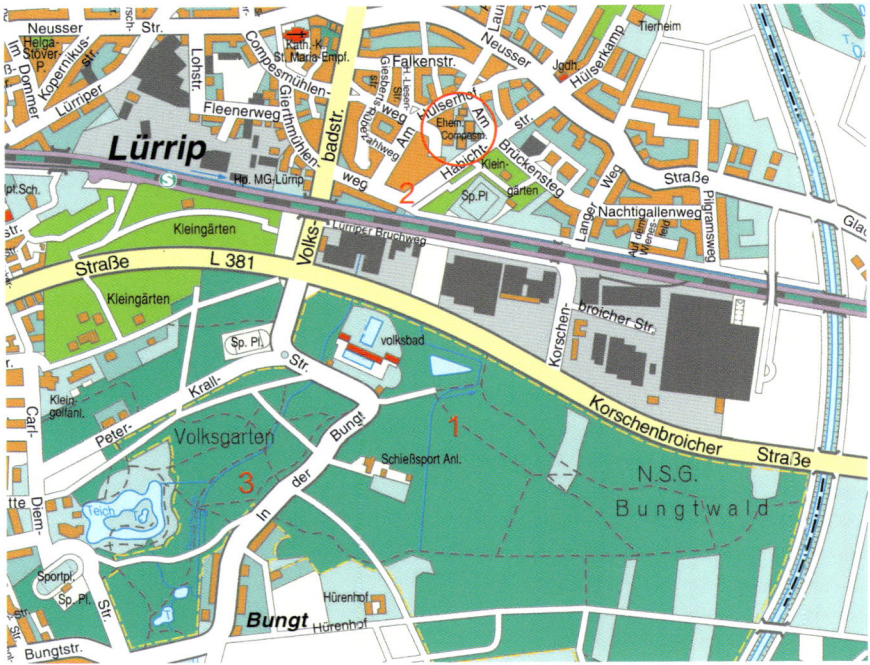

Beim **Laakbach** handelte es sich um ein altes Teilstück der Niers, die wahrscheinlich im Mittelalter an der heutigen Stadtgrenze zwischen Mönchengladbach und Korschenbroich ein Stück nach Osten verlegt wurde.[164] Durch diese Maßnahme wurde die Fließgeschwindigkeit der Niers – und damit der Wasserdruck auf die Mühlräder der Klippertzmühle und der Myllendonker Schlossmühle – erhöht. Der alte Teil der Niers blieb erhalten und wurde Laakbach – oder kurz Laak – genannt. Das Wort »Lake« bedeutet »stehendes Wasser in einem Flussbett« oder »seichter Flussarm«.[165]

Fortan diente der Laakbach als Ableitungskanal. Wenn die Niers gereinigt werden musste, oder wenn Reparaturen an den Mühlrädern der Klippertzmühle oder der Myllendonker Schlossmühle notwendig waren, wurde das Wasser der Niers in den Laakbach abgeleitet.[166] Dadurch kam es in den Myllendonker Wiesen häufig zu Überschwemmungen, zumal der Laakbach von den Anwohnern nicht regelmäßig gereinigt wurde.[167]

Der Laakbach begann etwa auf halber Strecke zwischen Schloss Rheydt und der Klippertzmühle. Er floss parallel zur »neuen« Niers und vereinigte sich mit ihr auf Höhe von Schloss Myllendonk.

164 Mackes, Neuwerk II, S. 105.
165 Mackes, Neuwerk II, S. 105.
166 Bremer, Millendonk, S. 81.
167 Bremer, Millendonk, S. 157.

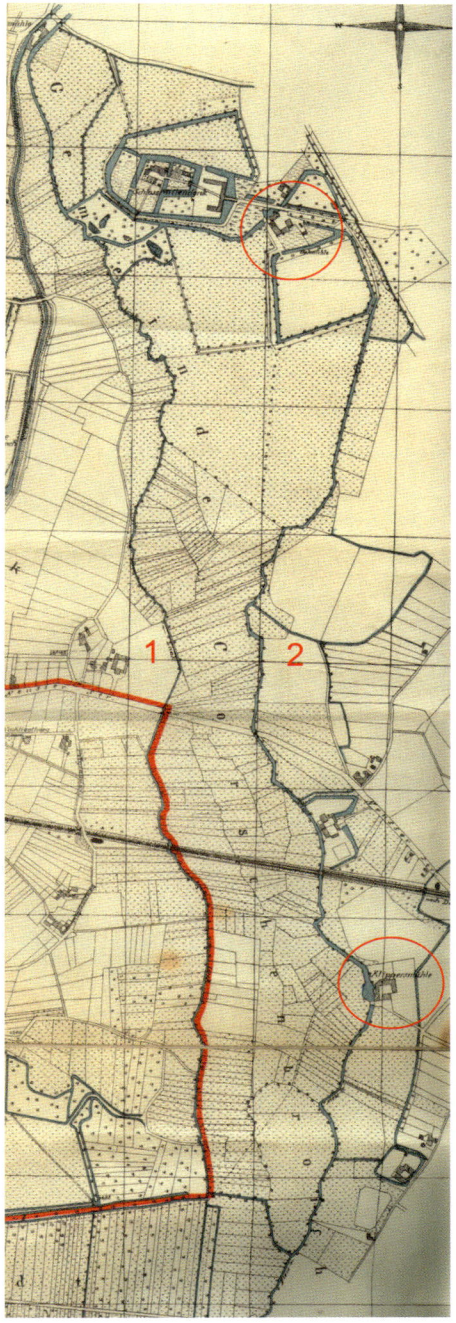

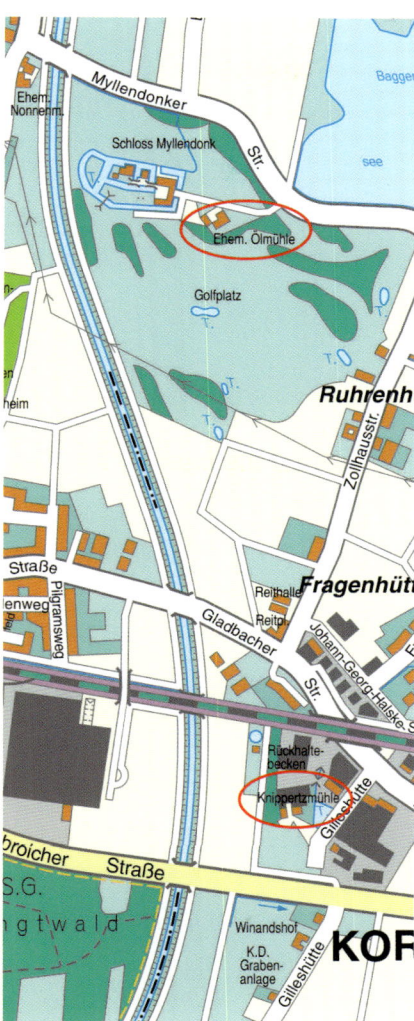

Abb. 223: Der Laakbach (1) floss im alten Flussbett der Niers (2), die zwischen Schloss Rheydt und Schloss Myllendonk weiter nach Osten verlegt wurde, um die Klippertzmühle (unten auf der Karte) und die Myllendonker Schlossmühle (oben auf der Karte) mit Wasser zu versorgen. Plan der Stadt M. Gladbach, 1909.

Abb. 224: Die begradigte Niers zwischen der Klippertzmühle (unten, auf der Karte irrtümlicherweise als »Knippertzmühle« bezeichnet) und der Myllendonker Schlossmühle (oben). Vom Laakbach ist heute nichts mehr zu sehen. Amtliche Stadtkarte Mönchengladbach, 2015.

1937 wurde die Niers zwischen Schloss Rheydt und Schloss Myllendonk wieder zurück in ihr ursprüngliches Flussbett verlegt und dabei begradigt. Reststücke des Laakbachs wurden bei diesen Arbeiten zugeschüttet. Abschnitte der »alten« Niers blieben teilweise bis in die 1990er Jahre erhalten, wurden jedoch später auch zugeschüttet.

In Lürrip – auf Höhe des heute brach liegenden Industriegeländes zwischen Lürriper Straße und Lohstraße – entsprang die **Obere Flöth**. Von ihrer Quelle aus floss sie zunächst in nordöstliche Richtung und knickte dann vor der heutigen Neusser Straße nach Osten ab. Anschließen umfloss sie in jeweils zwei Armen zunächst eine Wiese und anschließend den Lürriper Kamp, auf dem heute die katholische Kirche St. Maria Empfängnis steht.

Abb. 225: Das Quellgebiet der Oberen Flöth (1) auf dem Urkataster von 1812. Etwas weiter südlich floss der Gladbach (2). Ebenfalls auf der Karte zu erkennen ist die Gierthmühle (rot umkreist). Urkataster von 1812.

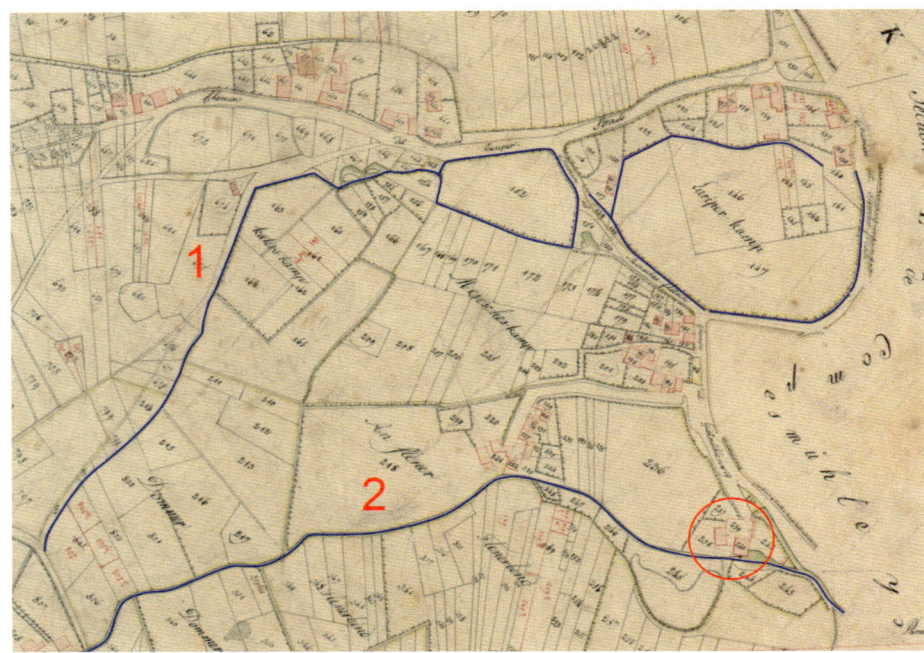

Abb. 226: Der ehemalige Verlauf der Oberen Flöth (1) und des Gladbachs (2). Der ehemalige Standort der Gierthmühle ist rot umkreis. Amtliche Stadtkarte Mönchengladbach, 2015.

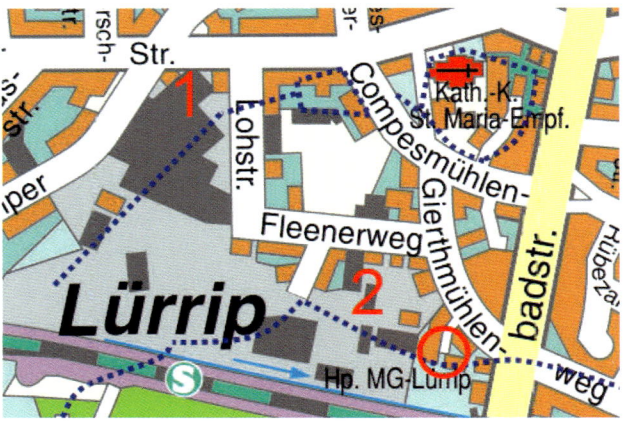

Vom Lürriper Kamp aus floss die Obere Flöth weiter Richtung Osten, knickte etwa auf Höhe der Compesmühle nach Nordosten ab, kreuzte die heutige Neusser Straße, passierte die Höfe am Lauterkamp und am Beekerkamp und mündete nördlich der Lürriper Kläranlage in den Gladbach.

Auf dem Urkataster ist kein durchgängiger Verlauf der Oberen Flöth von der Neusser Straße bis zum Gladbach zu erkennen. Entweder wurde dieser Abschnitt nicht vollständig in die Karte eingezeichnet oder der Verlauf der Oberen Flöth wurde in diesem Bereich stark geändert. Es ist auch möglich, dass die Verbindung zum Gladbach im 19. Jahrhundert künstlich geschaffen wurde. Erst auf Karten seit Ende des 19. Jahrhunderts ist ein durchgängiger Verlauf der Oberen Flöth eingezeichnet.

Abb. 227: Der Verlauf der Oberen Flöth (1) vom Quellgebiet bis zur Mündung in den Gladbach (2). Karte von 1909.

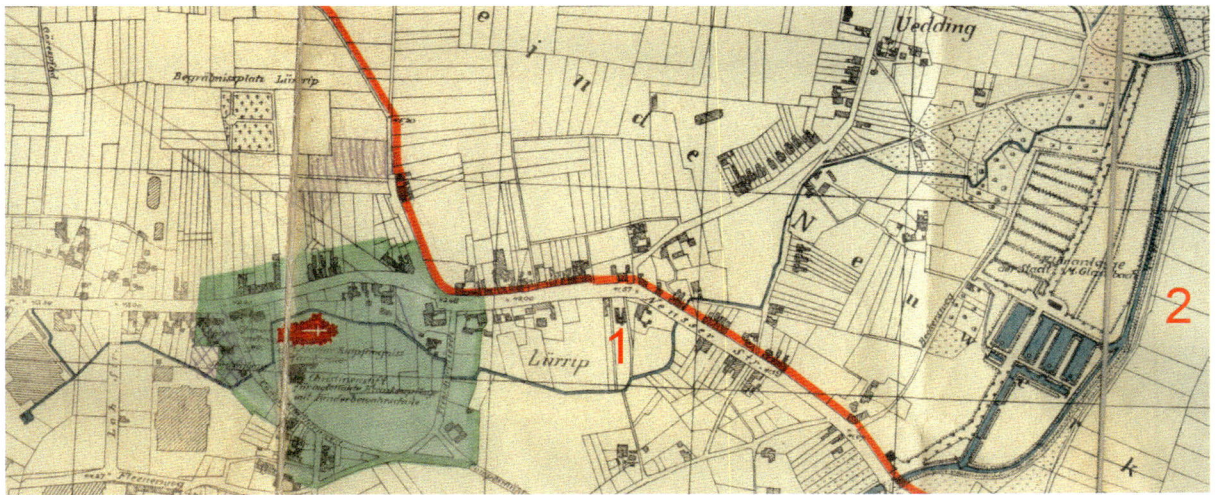

Bis Mitte der 1940er Jahre sind noch Teile der Oberen Flöth auf Stadtkarten zu finden.

Abb. 228: Der ehemalige Verlauf der Oberen Flöth (1) vom Quellgebiet bis zur Mündung in den Gladbach (2). Amtliche Stadtkarte Mönchengladbach, 2015.

Abb. 229: Der Verlauf der Unteren Flöth (1) von der Nonnenmühle (unten auf der Karte, rot umkreist) bis zur Mündung in den Gladbach (2). Ebenfalls auf der Karte zu sehen sind die Niers (3) und die Engelsmühle (Bildmitte, rot umkreist). Urkataster von 1812.

Die **Untere Flöth** hatte ihren Anfang auf Höhe der Nonnenmühle. Von dort aus floss sie in einem langgezogenen Bogen entlang der heutigen Ueddinger Straße, knickte nach Norden ab und folgte weiter der Ueddinger Straße. Kurz vor dem Ende des parallel laufenden Engelsmühlenwegs knickte sie zunächst nach Osten und sofort anschließend nach Nordosten ab. Nördlich der Engelsmühle mündete die Untere Flöth in den Gladbach. Heute ist von der Unteren Flöth nichts mehr erhalten.

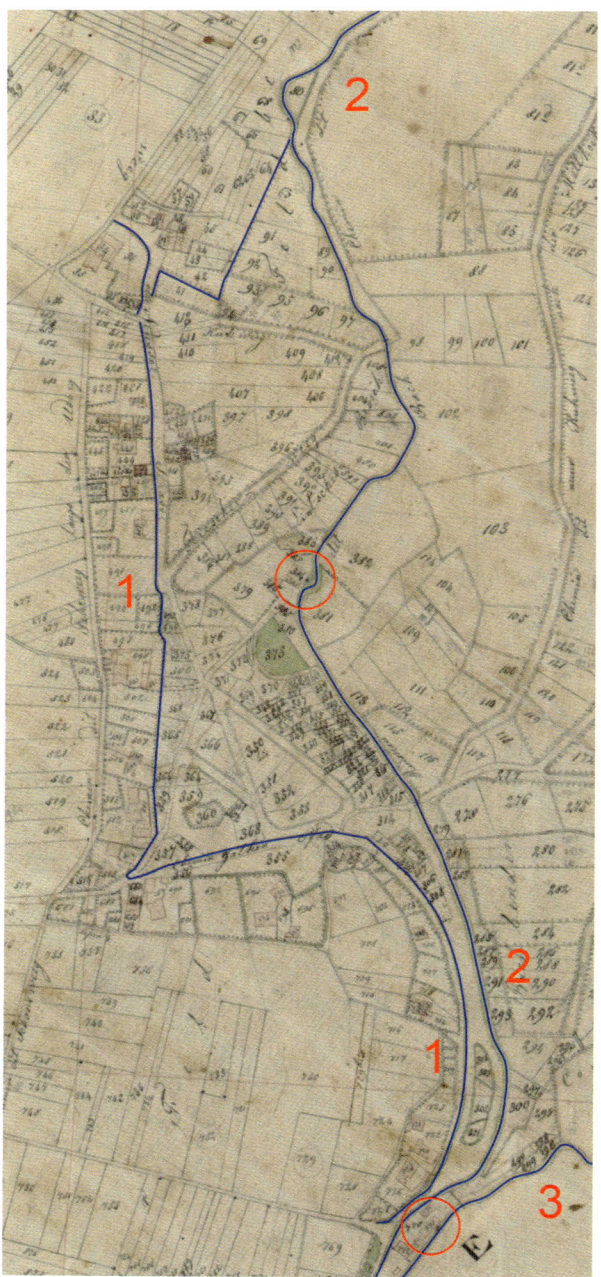

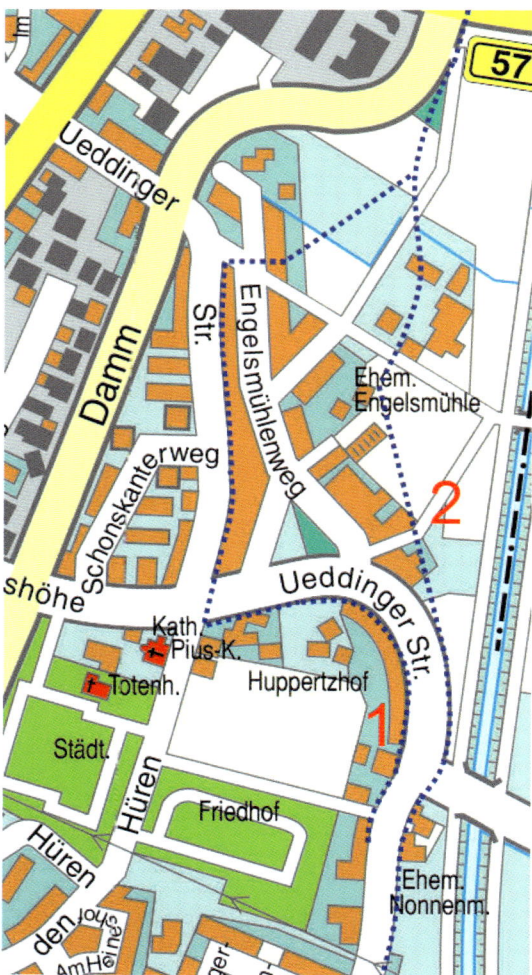

Abb. 230: Der ehemalige Verlauf der Unteren Flöth (1) und des Gladbachs (2). Amtliche Stadtkarte Mönchengladbach, 2015.

Die Hohnschaft Uedding war früher von vielen Entwässerungskanälen durchzogen. Einer dieser Kanäle, der **Entwässerungskanal Uedding**, zweigte nördlich der Nonnenmühle vom Gladbach ab, floss nordwärts durch Uedding, entwässerte den nördlichen Teil Ueddings und mündete kurz vor der Mündung des Gladbachs in die Niers wieder in den Gladbach.[168]

Abb. 231: Der »Entwässerungskanal Uedding« (1) mündete kurz vor der Mündung des Gladbachs (2) in die Niers (3) in den Gladbach. Urkataster von 1812.

168   Mackes, Neuwerk II, S. 96.

Die Nebengewässer des Gladbachs

Gladbach (die Bä'ek, de Mü'ele-Bä'ek), Fliethbach (die Flieth), Farbbach, Bach aus Unterpesch

Zusammen mit der Niers war der **Gladbach** das bedeutendste Fließgewässer auf Mönchengladbacher Stadtgebiet.

Er entsprang in Waldhausen nahe der Hensen Brauerei. Von seiner Quelle aus schlängelte sich der Gladbach durch Waldhausen, floss vorbei am Abteiberg, durchquerte den unteren Teil der Gladbacher Innenstadt, Pesch und Lürrip, und gelangte schließlich nach Uedding, wo er kurz vor dem Abtshof in die Niers mündete.

Auf seinem Weg von der Quelle bis zur Mündung in die Niers trieb der Gladbach acht Mühlen an. Davon erhalten sind nur noch die Gebäude der Compesmühle und der Nonnenmühle, die heute beide Wohnzwecken dienen.

Ende des neunzehnten Jahrhunderts wurde mit der Kanalisierung des Gladbachs begonnen. Bedingt durch die Einleitung von größtenteils ungeklärten industriellen Abwässern war der Gladbach zur stinkenden Kloake verkommen.

Heute gibt es den Gladbach nicht mehr. Seine Quellen sind längst versiegt. Seinem Verlauf folgt heute in großen Teilen einer der wichtigsten Regenwasserkanäle der Stadt: der Gladbachkanal. Von Lürrip bis zur Stadtgrenze zu Korschenbroich ist er als offener Regenwasserkanal zu sehen.

Abb. 232: Der offene Gladbachkanal kurz vor seiner Mündung in die Niers, 2007.

Abb. 233: Auf den Spuren des Gladbachs und seiner Mühlen. Umschlagfoto von etwa 1920.

Eine detaillierte Beschreibung des Gladbachs, seiner Historie und seiner Mühlen finden Sie in: *Auf den Spuren des Gladbachs und seiner Mühlen*, Robert Lünendonk, Klartext Verlag.

Im Gebiet der heutigen Vitus-, Flieth- und Rheydter Straße entsprang früher aus mehreren Quellen ein Bach, der **Fliethbach** – oder auch kurz »die Flieth«[169] – genannt wurde.[170] Obwohl die Flieth nicht sehr lang war, muss es sich doch um einen ansehnlichen Bach gehandelt haben. Es wurde berichtet, dass sein klares Quellwasser zum Kochen und zum Trinken sehr beliebt war. Ebenso wurde sein Wasser als Augenwasser genutzt.[171]

In den 1860er Jahren wurde der einst vielfach gewundene Lauf der Flieth im Bereich der heutigen Rheydter Straße zur Stadtmitte hin verlegt, damit die Fliethstraße bis zur Klövergasse neu angelegt werden konnte.[172]

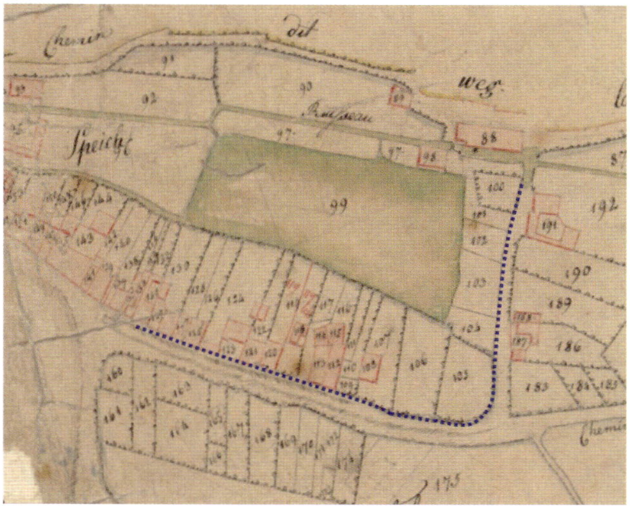

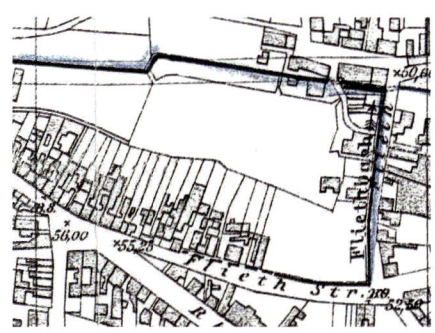

Etwa auf Höhe der heutigen Kreuzung der Lüpertzender Straße mit der Straße »An der Fliechermühle« mündete der Fliethbach in den Gladbach. Nur wenige Meter entfernt stand einst am Gladbach die Fliechermühle, die – genau wie der Gladbach 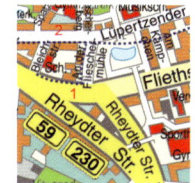 und der Fliethbach – heute nicht mehr erhalten ist.[173]

Abb. 234: Der Fliethbach auf dem Urkataster von 1812.

Abb. 235: Der Fliethbach (1) und der Gladbach (2) auf einer Karte von 1891.

Abb. 236: Der ehemalige Verlauf des Fliethbachs (1) und des Gladbachs (2). Amtliche Stadtkarte Mönchengladbach, 2015.

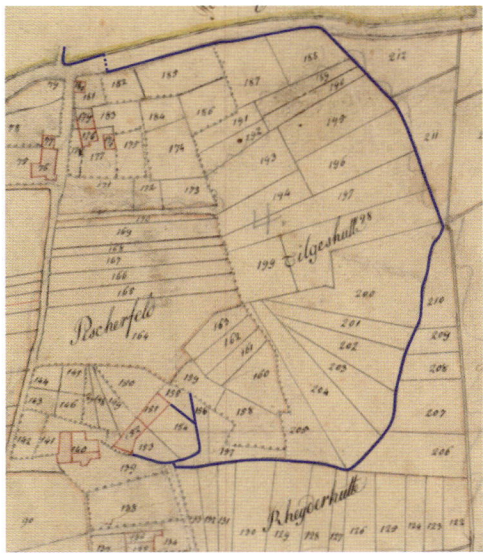

An der heutigen Straße »Reyerhütte« gab es in früheren Jahren mehrere Höfe, an denen ein kleiner Bach entsprang, der **Farbbach** genannt wurde. Er floss zunächst Richtung Osten, knickte dann nach Norden ab und floss entlang der heutigen Carl-Diem-Straße. Auf Höhe der Reyerstraße knickte er dann zunächst nach Westen, und dann an der heutigen Reyerhütter Straße wieder nach Norden ab.

Abb. 237: Der Farbbach floss von Pesch in nördliche Richtung zum Gladbach. Urkataster von 1812.

169 Flieth = flêt = fließendes Gewässer.
170 Klinge, Bäche, S. 163.
171 Bell, Gladbach, S. 38, und Kreuzberg, Pesch, S. 75.
172 Klinge, Bäche, S. 163.
173 Detaillierte Informationen zur Fliechermühle finden Sie in: Lünendonk, Gladbach, S. 56ff.

Abb. 238: Der Farbbach (1) mündete unterhalb der Rohrmühle (rot umkreist) in den Gladbach (2). Urkataster von 1812.

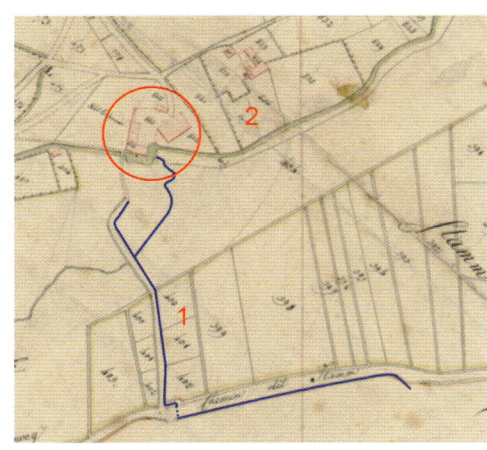

Abb. 239: Der ehemalige Verlauf des Farbbachs. Amtliche Stadtkarte Mönchengladbach, 2015.

Abb. 240: Die Quelle des Bachs aus Unterpesch (Quellgebiet rot umkreist) ist auf dem Urkataster nicht zu erkennen. Urkataster von 1812.

Anschließend folgte der Farbbach weiter der heutigen Reyerhütter Straße und mündete unterhalb der Rohrmühle[174] – etwa auf Höhe des heutigen Rohrplatz – in den Gladbach.

Später wurde im Quellgebiet des Farbbachs eine Fabrik errichtet,[175] aus der ungeklärte Abwässer über den Farbbach in den Gladbach abgeleitet wurden. Diesen Abwässern, die überwiegend aus Farben bestanden, verdankt der Farbbach seinen Namen.[176] Heute ist der Farbbach nicht mehr erhalten. In seinem ehemaligen Quellgebiet steht heute ein großer Einkaufsmarkt.

Im Kreuzungsbereich der heutigen Reyerhütter Straße und der Pescher Straße standen früher mehrere Höfe, an denen ein Bach entsprang, der nur **Bach aus Unterpesch** genannt wurde. Er floss parallel zum Farbbach entlang der Reyerhütter Straße Richtung Norden und mündete auf Höhe der Rohrmühle in den Gladbach.[177]

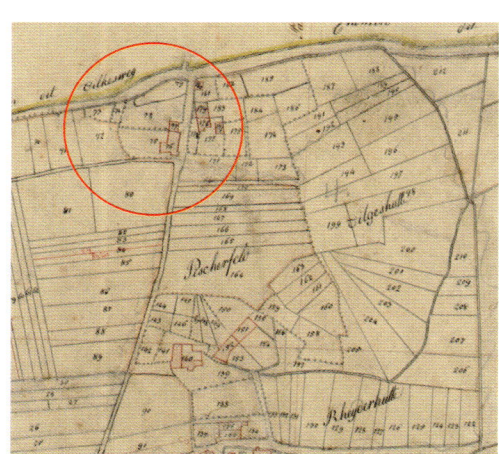

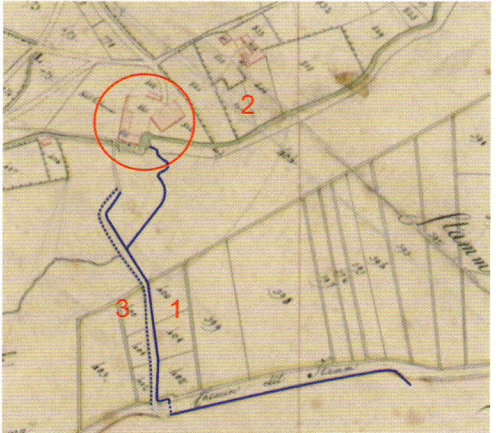

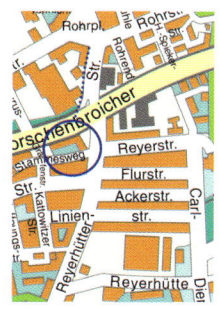

174 Detaillierte Informationen zur Rohrmühle finden Sie in: Lünendonk, Gladbach, S. 62f.
175 Schulz & Rüscher, später Hochapfel.
176 Kreuzberg, Pesch, S. 75.
177 Kreuzberg, Pesch, S. 75.

Abb. 241: Vermuteter Verlauf des Bachs aus Unterpesch (3) von der heutigen Korschenbroicher Straße bis zur Mündung in den Gladbach (2). Parallel zum Bach aus Unterpesch floss der Farbbach (1). Urkataster von 1812.

Abb. 242: Quellgebiet (umkreist) und vermuteter Verlauf des Bachs aus Unterpesch. Amtliche Stadtkarte Mönchengladbach, 2015.

Die alten Stadtgräben

Greit (de Jreit, Wallgraben), Kofergraben (Kovergraben, Kovengraben, Kaubergrab, Kuffergraben, Kaufergraben, Kauffergraben, Ko'erjraav), Pferdsgraben

Abb. 243: Die beiden Abschnitte der Greit (1) verliefen parallel zur »Promenade du Roi de Rome«(2). Urkataster von 1812.

Bei der **Greit** handelte es sich um einen Wassergraben, der im nordöstlichen Teil der Mönchengladbacher Innenstadt entlang der Stadtmauer verlief. Auf dem Urkataster sind zwei Abschnitte der Greit auszumachen:

- östlich der Stadtmauer, parallel zur »Promenade du Roi de Rome« (heute: Wallstraße)
- nördlich der Stadtmauer, ebenfalls parallel zur »Promenade du Roi de Rome« (heute: Aachener Straße)

Die »Promenade du Roi de Rome« verlief 1812 von der heutigen Hindenburgstraße bis zur Sandradstraße. Den südlichen Teil der »Promenade du Roi de Rome« bildet heute die Wallstraße, den Mittelteil ein Abschnitt der Viersener Straße und den nördlichen Teil ein Abschnitt der Aachener Straße.

Die Greit, die nicht nur mit Regenwasser sondern auch mit Abwässern gefüllt war, war im Winter beliebt zum Schlittschuhlaufen.[178]

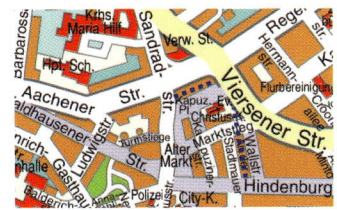

Abb. 244: Der Bereich von der Wallstraße bis zur Aachener Straße heute. Amtliche Stadtkarte Mönchengladbach, 2015.

Ein anderer Graben in der Mönchengladbacher Innenstadt war der **Kofergraben**, der vom Markt aus entlang der Sandradstraße verlief. Etwa auf Höhe der Hausnummer 20 stand auf der Sandradstraße früher ein Haus, in der die Post untergebracht war. 1854 wurde dieses Haus an die evangelische Gemeinde verkauft, die dort das »Bethesda« Krankenhaus eröffnete.[179] Gegenüber vom Bethesda-Krankenhaus stand das Wirtshaus »Zum wilden Mann«.[180] Neben diesem Wirtshaus gab es ein Wasserloch, in dem es nur so von Ratten gewimmelt haben soll. Ursache hierfür waren Abwässer, die vom Markt her über den Kofergraben in dieses Wasserloch geleitet wurden. In den 1840er Jahren wurden das Wasserloch und der Kofergraben zugeschüttet.[181]

178 Bell, Gladbach, S. 122.
179 Bell, Gladbach, S. 159.
180 Bell, Gladbach, S. 120f.
181 Ortmann, Gladbach.

Der hier erwähnte Kofergraben ist wahrscheinlich Teil einer früh-neuzeitlichen Grabenanlage und ist nicht mit dem mittelalterlichen Kovengraben zu verwechseln, der unmittelbar vor dem nördlichen Stadtwall lag.[182]

Abb. 245: Der Kofergraben verlief entlang der heutigen Sandradstraße. Die Karte wurde aus zwei Blättern des Urkatasters zusammengesetzt. Urkataster von 1812/1813.

Abb. 246: Der Kofergraben verlief parallel zur heutigen Sandradstraße. Amtliche Stadtkarte Mönchengladbach, 2015.

182 Pongs, Stadtbefestigung, S. 133.

Am östlichen Rand des Großen Weihers[183] stand früher die Oberste Mühle, die durch den Gladbach angetrieben wurde.[184] Direkt nördlich von dieser Mühle befand sich ein etwa 30 m langer Wassergraben, der Teil des Verteidigungssystems der Stadt war. Wahrscheinlich handelt es sich hierbei um den 1642 erwähnten **Pferdsgraben**, der vermutlich auch als Pferdetränke diente.[185]

Abb. 247: Der Pferdsgraben nördlich von der Obersten Mühle (rot umkreist). Urkataster von 1812.

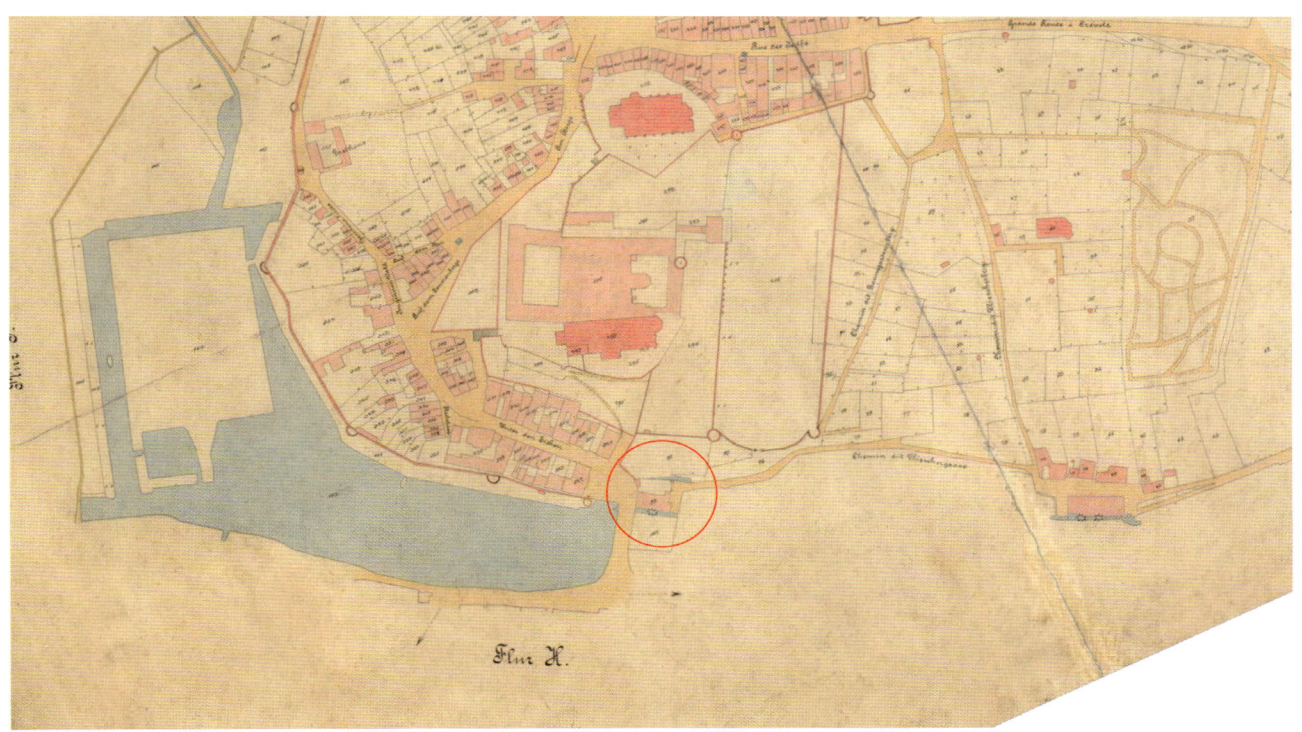

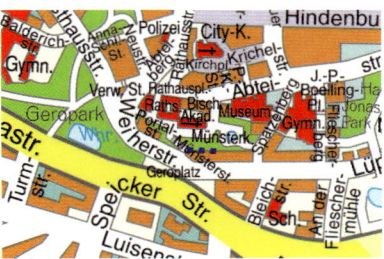

Abb. 248: Die Lage des Pferdsgrabens. Amtliche Stadtkarte Mönchengladbach, 2015.

183 Ein Teil dieses Weihers bildet heute den Geroweiher.
184 Detaillierte Informationen zur Obersten Mühle finden Sie in: Lünendonk, Gladbach, S. 54f.
185 Pongs, Stadtbefestigung, S. 132f.

Giesenkirchen, Schelsen und Geneicken

Trietbach (Trift), Fluitbach (Flöt), Heldsmühle (Pletschmühle, Hothenmühle), Hoppbruchgraben, Birkmannsmühle, Hörsterbach (Hoerster Bach, Hoerster Graben, die Bach), Waater Soth (Langhecke, Langeheck), Siep, Lohrgraben, Langmaar, Gräben in Geneicken

Wie auf dem Urkataster von 1820 gut zu erkennen ist, war das Quellgebiet des **Trietbachs** zwischen Ruckes, Trietenbroich und Haus Horst früher sehr wasserreich. Der Trietbach selbst wurde von mehreren Quellen und Zuläufen gespeist. Eine der Hauptquellen ist bei Eiger[186] auszumachen. Von Eiger aus floss der Trietbach zunächst Richtung Osten, nahm bei Högden[187] die Langhecke auf und vereinigte sich dann mit einem Zulauf vom Hoersterbach, der in Dycker Schelsen entsprang.

Zwischen Hödgen und Stadt[188] knickte der Trietbach dann scharf nach Norden ab. Zwischen Stadt und Taubenhütte[189] findet sich im Urkataster zum ersten Mal die Bezeichnung »Triet Bach«.

Südlich vom Trietenbroich nahm der Trietbach den Fluitbach auf. Jedoch schon wenige Meter weiter trennten sich der Trietbach und der Fluitbach wieder, um parallel Richtung Osten zu fließen. Ein kurzes Stück weiter nahm der Trietbach den von Haus Horst kommenden Hoppbruchgraben auf.

Abb. 249: Das Quellgebiet des Trietbachs im Jahr 1820/1: der Trietbach (1), die Langhecke (2), der Hoersterbach (3), der Fluitbach (4) und der Hoppbruchgraben (5). Die Karte wurde aus zwei Blättern des Urkatasters zusammen gesetzt. Urkataster von 1820/1.

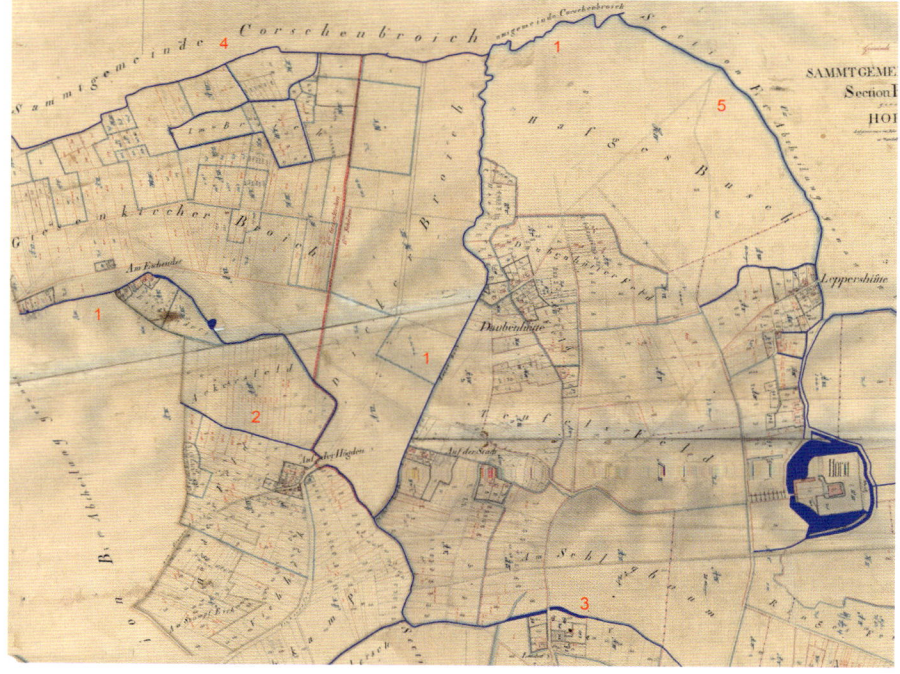

186   Am Eichender.
187   Auf der Högden.
188   Auf der Stadt.
189   Daubenhütte.

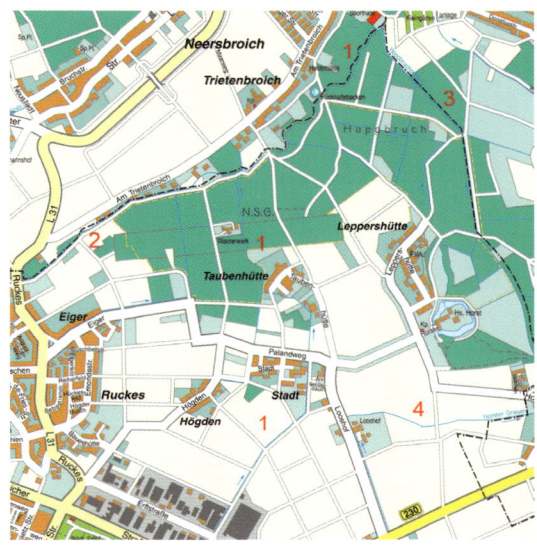

Abb. 250: Das Quellgebiet des Trietbachs (1) heute. Neben dem Trietbach sind auf der Karte ein Reststück des Fluitbachs (2), der Hoppbruchgraben (3) und der Hörster Graben (4) zu sehen. Amtliche Stadtkarte Mönchengladbach, 2015.

Abb. 251: Die Trietbach im Trietenbroich, 2015.

Abb. 252: An dieser Stelle im Trietenbroich vereinten sich früher der Trietbach und der Fluitbach, 2015.

Heute beginnt der Trietbach südlich von Stadt und verläuft zunächst Richtung Norden. Im Hoppbruch knickt er nach Nordosten ab und nimmt wenig später den Hoppbruchgraben auf. In der aktuellen Stadtkarte ist auch noch ein Reststück des Fluitbachs eingezeichnet, der jedoch kaum noch Wasser führt und keine Verbindung mehr zum Trietbach hat.

Die natürlichen Quellen des Trietbachs sind heute längst versiegt. Er wird nur noch über zwei künstliche Einleitungsstellen in der Trietbachaue mit Sümpfungswasser versorgt.[190]

Der **Fluitbach** entsprang bei Hütz – zwischen Eiger und Tackhütte. Von dort aus floss er Richtung Nordosten und traf nördlich vom heutigen Wasserwerk auf den Trietbach, mit dem er sich für wenige Meter das Bachbett teilte. Ein kurzes Stück weiter trennten sich der Trietbach und der Fluitbach wieder und flossen parallel in Richtung Korschenbroich.

Der Fluitbach durchfloss Engbrück und Raderbroich, knickte dann nach Norden ab und mündete beim Lodshof[191] wieder in den Trietbach. Heute ist der Fluitbach noch ab der Bahnstrecke zwischen Mönchengladbach und Neuss erhalten.

Abb. 253: Im Trietenbroich ist das ausgetrocknete Bachbett des Fluitbachs noch zu erkennen. Foto von 2015.

190 Stadt Mönchengladbach, Fachbereich Umweltschutz und Entsorgung, Stand: Juni 2015.
191 Looshof.

Nördlich vom Hoppbruch – kurz hinter der Stadtgrenze zwischen Mönchengladbach und Korschenbroich – stand früher auf Korschenbroicher Stadtgebiet am Fluitbach eine Wassermühle.

Zum ersten Mal erwähnt wurde die **Heldsmühle** 1820 als Pletsch- oder auch Hothenmühle. Vermutlich stand sie am linken Ufer des Fluitbachs und verfügte über einen unterschlächtigen Antrieb. Erbaut wurde sie von einem Mann namens Hothen, jedoch wurde als Besitzer bereits 1820 Matthias Mühlen genannt. Im Jahre 1835 verfügte die Heldsmühle über ein Wasserrad und zwei Mahlgänge. Auf Grund des ständig herrschenden Wassermangels leitete 1856 der damalige Besitzer Peter Lörriper Wasser aus dem Trietbach in den Fluitbach um. Doch auch dies brachte kaum Besserung. Erst 1866 – die Mühle gehörte mittlerweile Wilhelm Held – konnte die Mühle nach dem Einbau eines Dampfkessels regelmäßig laufen. 1882 brannte die Heldsmühle ab.[192]

Nordöstlich des Standorts der Heldsmühle – an der nördlichen Spitze des Hoppbruchs – nahm der Trietbach den Hoppbruchgraben auf.

Der **Hoppbruchgraben** begann früher in den Gräben von Haus Horst. Von dort aus floss er Richtung Norden, nahm mehrere Entwässerungsgräben auf und mündete schließlich in den Trietbach.

Abb. 254: Der Hoppbruchgraben (1) verlief von Haus Horst bis zum Trietbach (2). Urkataster von 1820/21.

Abb. 255: Nachdem der Trietbach (1) den Hoppbruchgraben aufgenommen hatte, floss er weiter Richtung Engbrück. Urkataster von 1821.

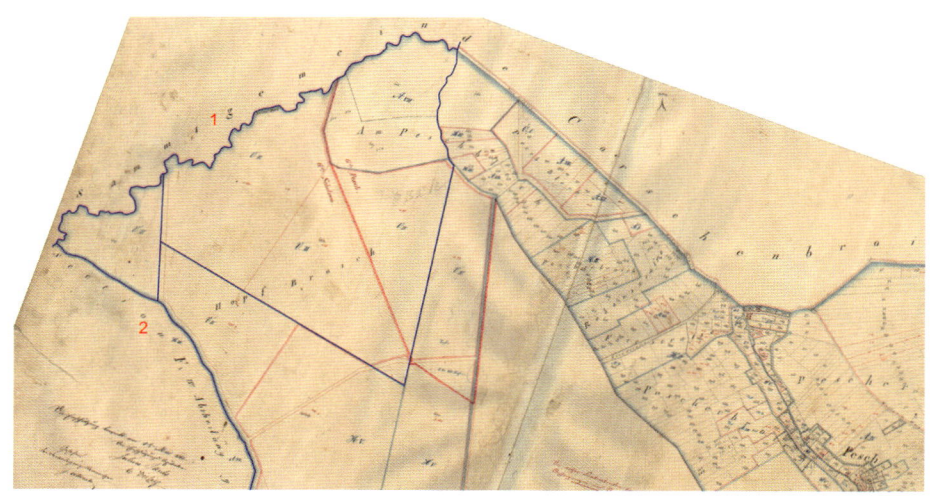

192 Bremer, Millendonk, S. 161.

Auch heute noch beginnt der Hoppbruchgraben im Gebiet um Haus Horst, nimmt mehrere Entwässerungsgräben auf und mündet in den Trietbach. Jedoch ist der Verlauf des Hoppbruchgrabens heute etwas weiter östlich als noch 1820.

Nachdem der Trietbach den Hoppbruchgraben aufgenommen hatte, floss er weiter in nordöstliche Richtung und verließ das Mönchengladbacher Stadtgebiet.

Auch heute noch verlässt der Trietbach hinter dem Hoppbruch das Mönchengladbacher Stadtgebiet und durchquert Engbrück.

Unmittelbar hinter der Korschenbroicher Friedrich-Ebert-Straße (L 381) stand früher eine Wassermühle.

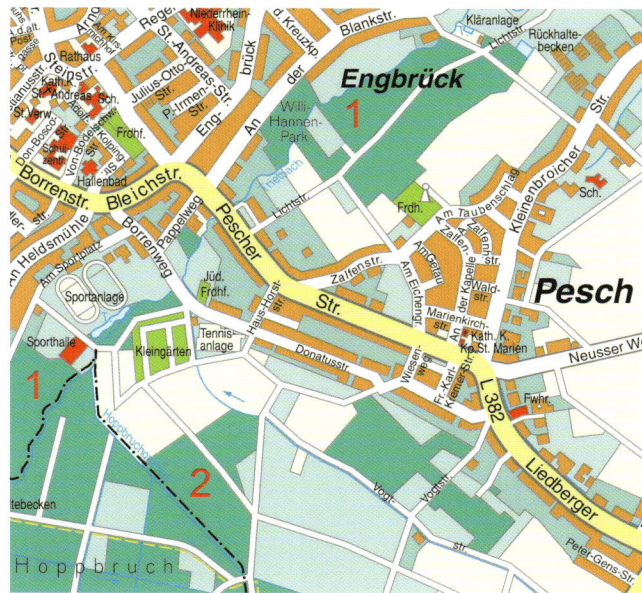

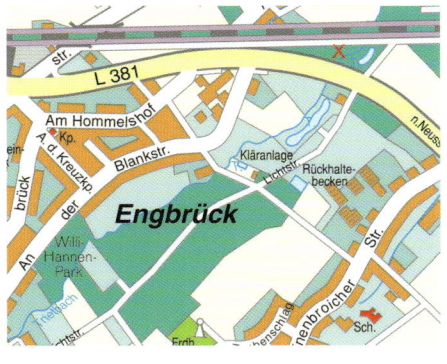

Die **Birkmannsmühle** stand am linken Ufer des Trietbachs. Sie wurde 1817 von einem Mann namens Birkmann erbaut und unterschlächtig angetrieben. Um den Wasserdruck auf das Mühlrad zu erhöhen, staute Birkmann das Wasser vor der Mühle in einem Stauweiher auf. Damit es dabei nicht zu Überschwemmungen kam, verbreiterte Birkmann das Bett des Trietbachs auf das Doppelte. Neben dem Mühlrad baute er eine Schleuse zur Höhenregulierung des Wasserstandes. Die Mühle hatte nicht lange Bestand. Die Flurbezeichnung »versope Möllsche«[193] weist auf den wahrscheinlichen Grund hin.[194]

Im Weiteren verläuft der **Trietbach** auf Korschenbroicher Stadtgebiet in einem weiten Bogen Richtung Flughafen Mönchengladbach.

Bis 1760 mündete der Trietbach oberhalb von Neersen in die Niers. Als aber 1760 das Niersbett oberhalb von Neersen verlegt und in hohe Dämme gefasst wurde, ging diese Mündung verloren. Der Trietbach wurde daraufhin in die neu angelegte »Liedberger Kalle« geleitet, die unter dem neuen Niersbett hindurchgeführt wurde. Nachdem 1810 ein Teilstück des Nordkanals bis Neersen fertig gestellt worden war, wurde der Trietbach in den Nordkanal geleitet, um diesen mit zusätzlichem Wasser zu versorgen. Da das Wasser des Nordkanals aber oft

Abb. 256: Der Trietbach (1) und der Hoppbruchgraben (2) zwischen dem Hoppbruch und Engbrück. Amtliche Stadtkarte Mönchengladbach, 2015.

Abb. 257: Der Trietbach auf der Höhe von Engbrück. Der ehemalige Standort der Birkmannsmühle ist mit einem roten Kreuz gekennzeichnet. Amtliche Stadtkarte Mönchengladbach, 2015.

193 Abgesoffene Mühle.
194 Bremer, Millendonk, S. 162.

höher stand als das im Trietbach, floss das Wasser häufig zurück in den Trietbach und sorgte für eine Versumpfung der Trietniederung. 1827 wurde der Pächter des Nordkanals dazu verpflichtet eine Schleuse zwischen Nordkanal und Trietbach anzulegen. Das überschüssige Wasser des Trietbachs wurde über einen alten Graben nach Neersen abgeleitet.

Trotzdem kam es weiter zu Überschwemmungen. 1853 wurde schließlich eine Polizeiverordnung erlassen, die unter anderem die Reinigung des Trietbachs regelte. Erst daraufhin ließen die Überschwemmungen nach.[195]

Abb. 258: 1813 mündete der Trietbach (1) in den Nordkanal (3). Ebenfalls auf der Karte zu sehen sind die Niers (4), der Gladbach (5) und zwei Gräben (2, 6). Urkataster von 1813.

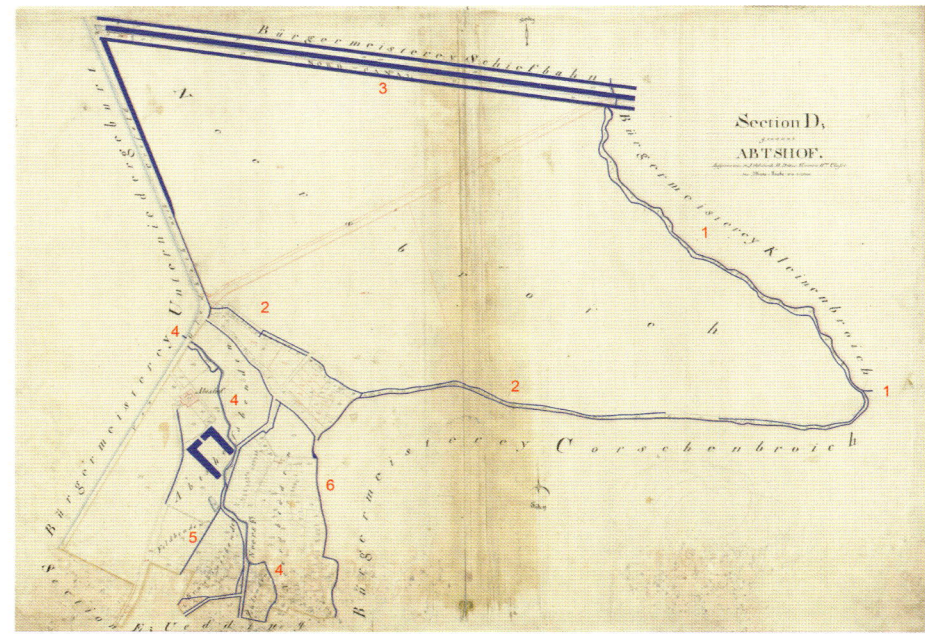

Abb. 259: Die Mündung des Trietbachs (von rechts kommend) in die Niers, 2010.

Abb. 260: Der Trietbach (1) mündet kurz vor der Trabrennbahn (2) in die Niers (3). Amtliche Stadtkarte Mönchengladbach, 2015.

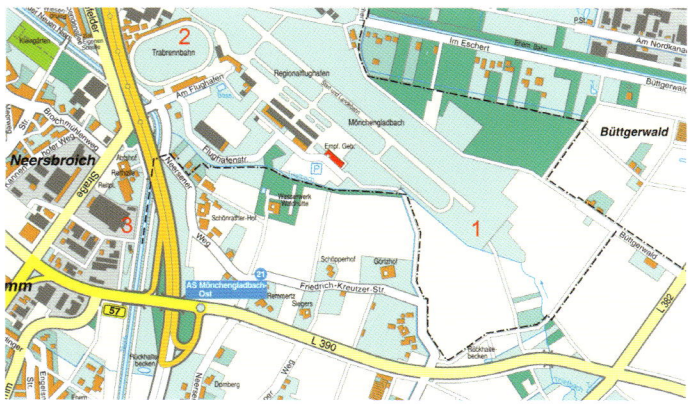

195 Bremer, Millendonk, S. 287f.

In späteren Jahren wurde der Trietbach unter dem Nordkanal hindurch geleitet. Von diesem »Trietüberfall« bis zur Mündung in die Niers kurz vor Neersen wurde der Trietbach dann »neue Clör« genannt.

Etwa im Kreuzungsbereich der L 382 und der L 390 überschreitet der Trietbach heute die Grenze von Korschenbroich zu Mönchengladbach, durchquert einen Teil des Flughafengeländes, fließt nochmals entlang der Stadtgrenze zwischen Mönchengladbach und Korschenbroich und mündet schließlich kurz vor der Trabrennbahn in die Niers.

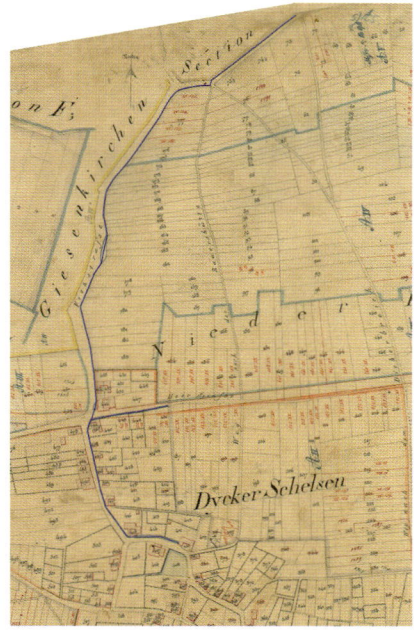

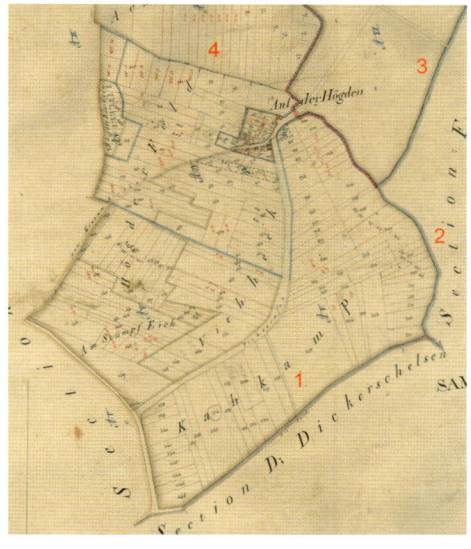

Der **Hörsterbach** hatte seinen Ursprung nahe eines Maars in Dycker Schelsen. Es ist anzunehmen, dass überschüssiges Wasser aus dem Maar in den Hörsterbach abgeleitet wurde und ihn so mit Wasser versorgte. Von dem Maar aus floss der Hörsterbach zunächst in nördliche Richtung entlang einer »Viehstraße« und wand sich dann nach Nordosten. Auf dem Urkataster wird der Hörsterbach im Oberlauf schlicht als »die Bach« bezeichnet. Südlich von Hödgen gab es früher eine Verbindung zwischen dem Trietbach und dem Hörsterbach. Auf Höhe dieser Verbindung wand sich der Hörsterbach nach Osten und floss südlich an Haus Horst vorbei nach Steinhausen.

Abb. 261: Der Hörsterbach hatte seinen Ursprung in Dycker Schelsen, nahe eines Maars. Urkataster von 1820/1863.

Abb. 262: Südlich von Hödgen gab es früher eine Verbindung (2) zwischen dem Hörsterbach (1) und dem Trietbach (3). Ebenfalls auf der Karte zu sehen ist die Langhecke (4). Urkataster von 1820/1863.

Abb. 263: Der Hörsterbach (1) floss Richtung Osten nach Steinhausen. Ebenfalls auf der Karte zu sehen ist die Verbindung (2) zum Trietbach (3). Urkataster von 1820/1863.

Obwohl es auf dem Urkataster nicht eindeutig zu erkennen ist, ist anzunehmen, dass der Hörsterbach in Steinhausen eine Verbindung zu den Gräben von Haus Horst und dem Hoppbruchgraben hatte. In Steinhausen mündete der Hörsterbach in den Liedberger Bach.

Zwischen dem Looshof und Steinhausen ist der Hörsterbach heute noch erhalten, er wird jetzt allerdings als »Hörster Graben« bezeichnet. In Steinhausen gibt es einen kurzen Wasserlauf, der heute als »Hörster Bach« bezeichnet wird. Er mündet in den Hoppbruchgraben.

Abb. 264: Der Hörsterbach (1) hatte wahrscheinlich eine Verbindung zum Hoppbruchgraben (2), der in den Trietbach (3) mündete. Urkataster von 1820/1863.

Abb. 265: Der Oberlauf des ehemaligen Hörsterbachs (1) stellt heute den Anfang des Trietbachs dar. Zwischen dem Looshof und Steinhausen ist der Hörsterbach als »Hörster Graben« (2) erhalten. In Steinhausen gibt es heute einen »Hörster Bach« (rot umkreist). Amtliche Stadtkarte Mönchengladbach, 2015.

Abb. 266: Der Hörster Graben auf Höhe des Looshofs. Foto von 2015.

Die **Waater Soth** floss von Kamphausen über Dürselen und Waat nach Giesenkirchen. Dort unterquerte sie zunächst die heutige Mülforter Straße und floss dann entlang der heutigen Arnoldstraße weiter Richtung Norden.

Abb. 267: Die Waater Soth zwischen Waat und Giesenkirchen. Urkataster von 1820/1863.

Abb. 268: Die Waater Soth existiert heute nur noch in einem Teilstück zwischen Waat und Giesenkirchen. Amtliche Stadtkarte Mönchengladbach, 2015.

Abb. 269: Die Waater Soth verläuft parallel zu einem Feldweg zwischen Waat und Giesenkirchen, führt jedoch kaum noch Wasser, 2015.

Auch heute noch fließt die Waater Soth – sofern sie überhaupt noch Wasser führt – von Waat nach Giesenkirchen. Jedoch verschwindet sie kurz vor der Mülforter Straße in der Kanalisation.

Hinter der Arnoldstraße passierte die Waater Soth das heutige Gymnasium und floss anschließend in einem Bogen vorbei an Giesenkircherbroich, Baueshütte und Ruckes. In Hödgen mündete sie schließlich in den Trietbach.

Oberhalb der Mündung in den Trietbach wurde die Waater Soth auch als Langhecke bezeichnet.

Abb. 270: Die Waater Soth durchquerte Giesenkirchen und floss in Richtung Hödgen. Urkataster von 1820.

Abb. 271: Auf der Höhe von Hödgen mündete die Waater Soth als Langhecke (1) in den Trietbach (2). Urkataster von 1820/1863.

Abb. 272: Die Waater Soth (1) mündete bei Hödgen in den Trietbach (2). Amtliche Stadtkarte Mönchengladbach, 2015.

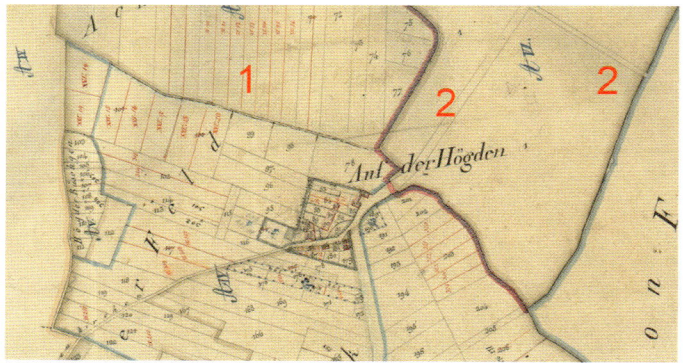

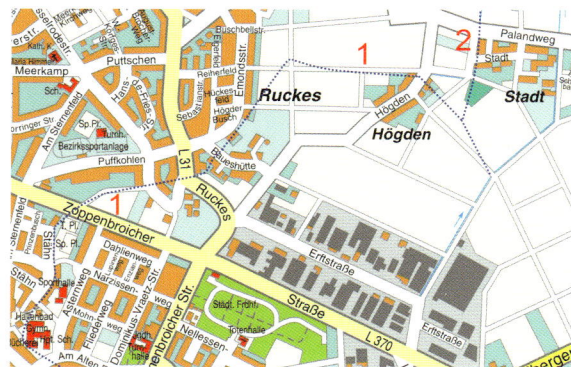

Die **Siep** entsprang nicht aus einer eigenen Quelle, sondern sie war ein Abzweig der Waater Soth. Im Giesenkircherbroich, etwa auf Höhe der heutigen Konstantinstraße, zweigte sie von der Waater Soth ab und floss zunächst parallel zu ihr Richtung Norden.

Anschließend floss sie in einem Bogen in westliche Richtung vorbei an Biesel[196] und Schrödt[197]. Nördlich von Schrödt gab es eine Verbindung zwischen der Siep und einem Graben, der seinen Ursprung in Trimpelshütte hatte.

196 Bisel.
197 Schreudt.

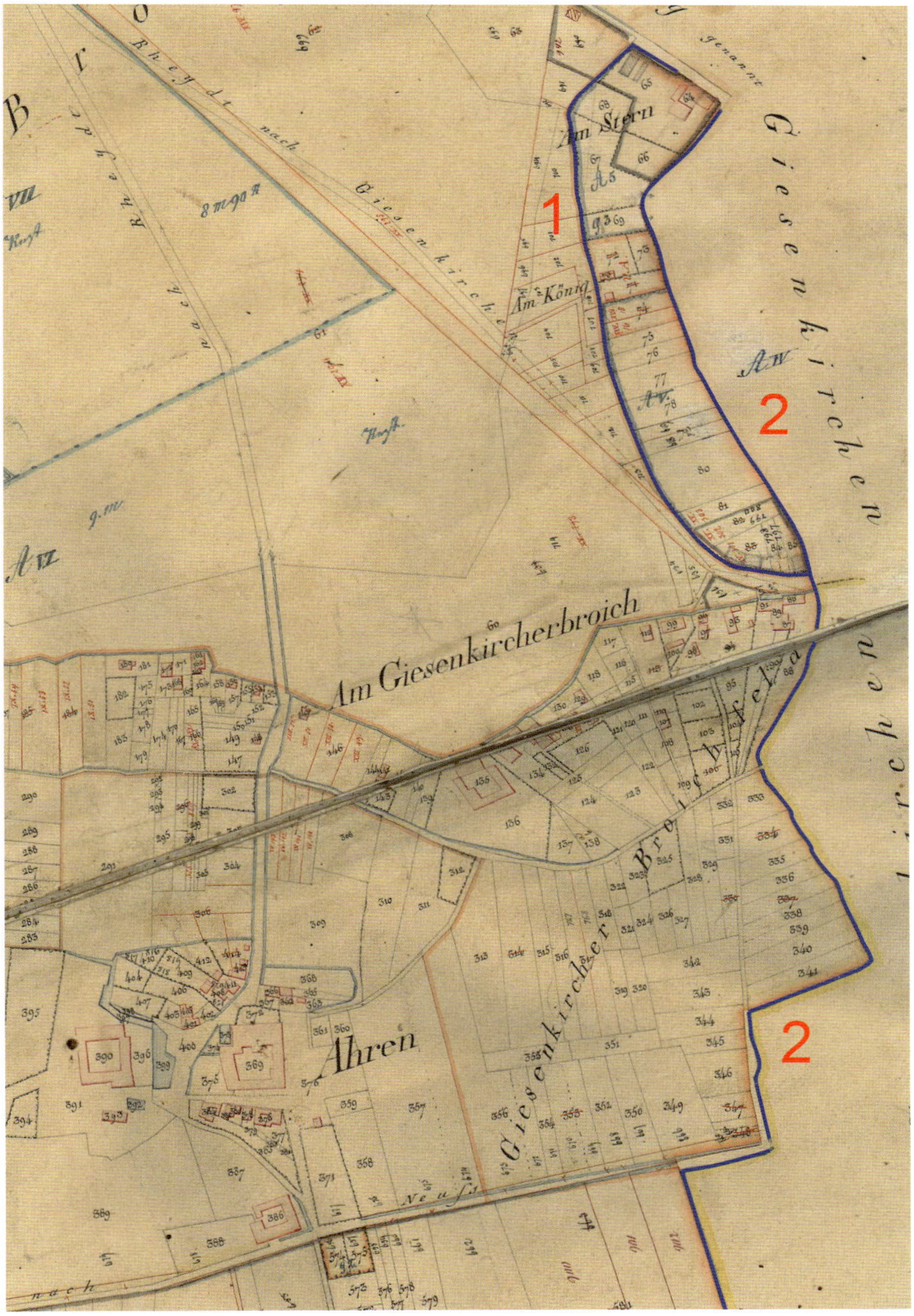

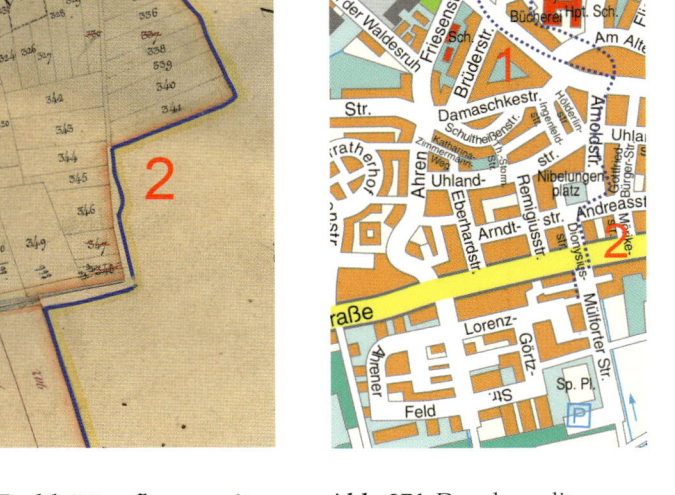

Abb. 273: Die Siep (1) zweigte von der Waater Soth (2) ab. Urkataster von 1821/1863.

Abb. 274: Der ehemalige Verlauf der Siep (1) und der Waater Soth (2). Amtliche Stadtkarte Mönchengladbach, 2015.

Von dieser Verbindung aus durchquerte die Siep Tackhütte, floss weiter durch Neersbroich und mündete kurz vor der heutigen Korschenbroicher Straße in die Niers. Der zuvor genannte Graben aus Trimpelshütte floss zunächst parallel zur Siep Richtung Nordosten und mündete bei Schloss Rheydt in die Niers.

Auf dem Urkataster ist nördlich von Tackhütte eine weitere Verbindung zwischen der Siep und dem Graben aus Trimpelshütte zu erkennen. Dieses Verbindungsstück wurde als **Lohrgraben** bezeichnet.

Abb. 275: Die Siep (1) passierte Bisel und Schreudt. Nördlich von Schreudt hatte sie eine Verbindung zu einem Graben (3), der seinen Ursprung in Trimpelshütte hatte. Ebenfalls auf der Karte zu sehen sind die Waater Soth (4) und ein Zufluss (2) aus Buffet (Ruckes). Urkataster von 1821/1863.

Abb. 276: Die Siep (1) durchquerte Tackhütte und floss weiter nach Neersbroich. Nördlich von Tackhütte ist der Lohrgraben (3) – eine Verbindung zwischen der Siep (1) und dem Graben (2) aus Trimpelshütte – zu erkennen. Urkataster von 1821/1863.

Abb. 277: Der ursprüngliche Verlauf der Siep vom Gymnasium bis zur Mündung in die Niers, die früher weiter östlich verlief. Amtliche Stadtkarte Mönchengladbach, 2015.

Auf einer Karte von 1930 wird der Graben aus Trimpelshütte im Abschnitt zwischen Schrödt und der Mündung in die Niers als **Siep** bezeichnet. Heute ist die Siep nicht mehr erhalten. In der aktuellen Stadtkarte ist nur noch auf Höhe von Krünsend ein wasserführender Graben eingezeichnet, der in etwa einem Teilstück der Siep entspricht.

»Am roten Kreuz« zwischen Giesenkirchen und Schelsen – etwa dort, wo heute die Schloss-Dyck-Straße von der Mülforter Straße abzweigt – hatte die **Langmaar** ihren Ursprung. Von dort aus floss sie zunächst Richtung Norden, knickte auf Höhe des Städtischen Friedhofs nach Osten ab und mündete auf Höhe der heutigen Erftstraße in den Hörsterbach. Heute erinnert nur noch ein Straßenname an die Langmaar.

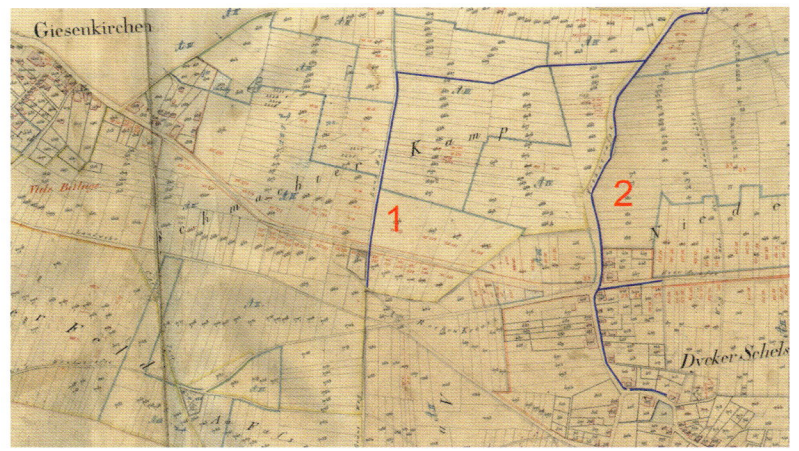

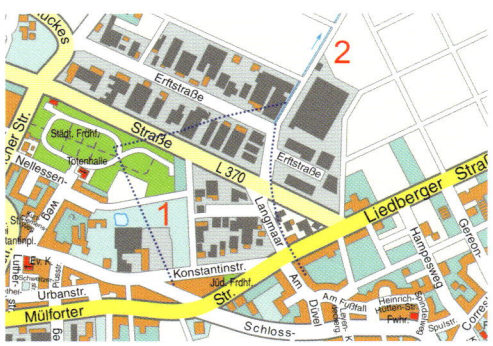

Abb. 278: Der Verlauf der Langmaar (1) vom »roten Kreuz« bis zur Mündung in den Hörsterbach (2). Urkataster von 1820/1863.

Abb. 279: Der Verlauf der Langmaar (1) vom »roten Kreuz« bis zur Mündung in den Hörsterbach (2). Amtliche Stadtkarte Mönchengladbach, 2015.

Geneicken war früher von diversen namenlosen **Gräben** durchzogen, die den Ort entwässerten und teilweise in die Niers mündeten. Heute ist von den Gräben – und auch vom Maar in der Ortsmitte – nichts mehr zu sehen. Das Maar lag am heutigen Maarplatz.

Abb. 280: Geneicken war früher von mehreren Gräben durchzogen. Urkataster von 1819.

Abb. 281: Geneicken heute. Amtliche Stadtkarte Mönchengladbach, 2015.

Von Rheindahlen bis zum ehemaligen Nato-Hauptquartier

Krappebongards Soth, Voosener Bach (Mühlenbach), Knippertzbach, Knippertzmühle, Hellbach

Die Gegend um Genhülsen und Voosen war früher sehr wasserreich. Mehrere Gräben, Sothe und Bäche sorgten für die Entwässerung der Orte und Felder.

In Genhülsen nahm die **Krappebongards Soth** ihren Anfang. Sie floss Richtung Westen, passierte Voosen und mündete wahrscheinlich in den **Voosener Bach**, der in Voosen seinen Ursprung hatte. Auf einer Karte von 1930 trägt der Voosener Bach auch den Namen Mühlenbach. Von seinem Quellgebiet aus floss er in westliche Richtung nach Rheindahlen.

Abb. 282: Die Krappebongards Soth (1) floss von Genhülsen nach Voosen. Obwohl auf dem Urkataster keine Mündung zu sehen ist, mündete sie wahrscheinlich in den Voosener Bach (2). Urkataster von 1819.

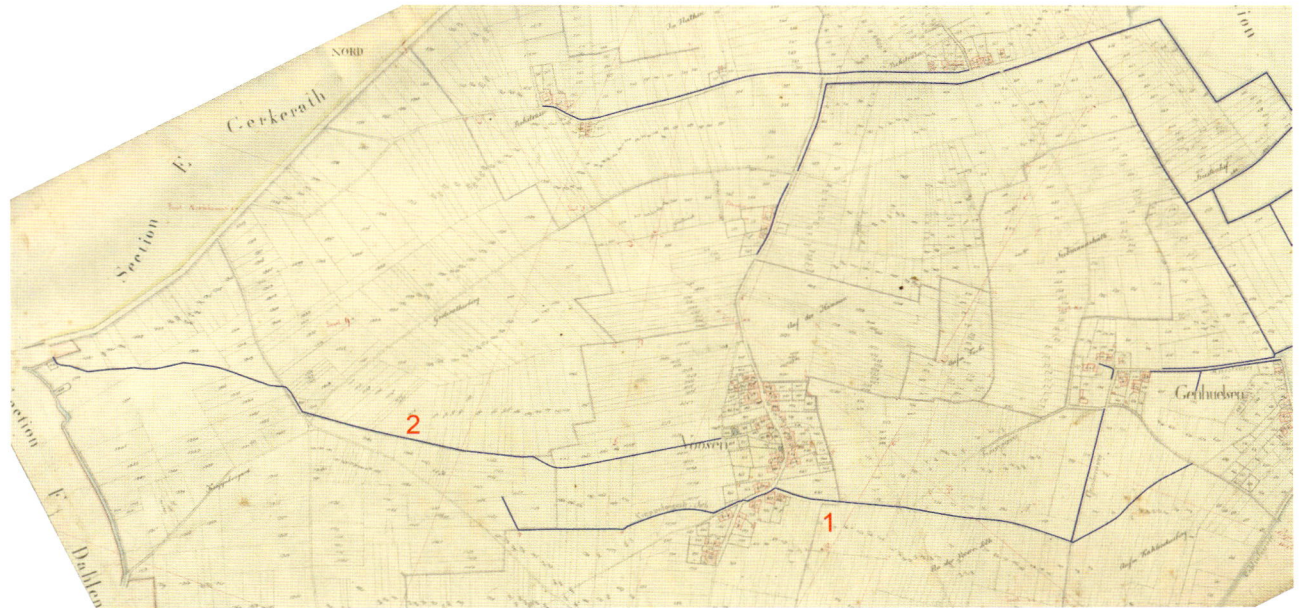

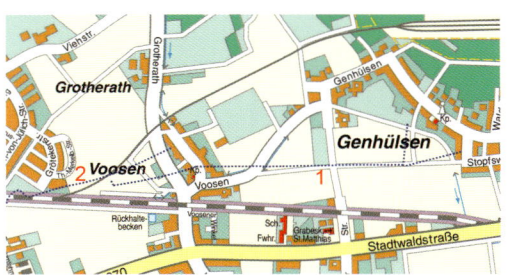

Abb. 283: Der ehemalige Verlauf der Krappebongards Soth (1) und des Voosener Bachs (2) von Genhülsen über Voosen bis Rheindahlen. Amtliche Stadtkarte Mönchengladbach, 2015.

Abb. 284: Der Voosener Bach (1) mündete beim Mühlentor in den Knippertzbach (2). Urkataster von 1819.

Abb. 285: Der ehemalige Mündungsbereich des Voosener Bachs (1) in den Knippertzbach (2). Amtliche Stadtkarte Mönchengladbach, 2015.

Noch bis in die 1960er Jahre waren Teile des Voosener Bachs an der Bahnstrecke zwischen Voosen und Rheindahlen zu sehen.

Am nördlichen Ende des Rheindahlener Stadtkerns – nördlich vom Mühlentor – unterquerte der Voosener Bach die heutige Gladbacher Straße und die Broicher Straße und mündete in den **Knippertzbach**, der hier seinen Anfang nahm.

Der Knippertzbach, der vermutlich eine Verbindung zum Rheindahlener Stadtgraben hatte, floss von Rheindahlen aus in nordwestliche Richtung nach Broich.

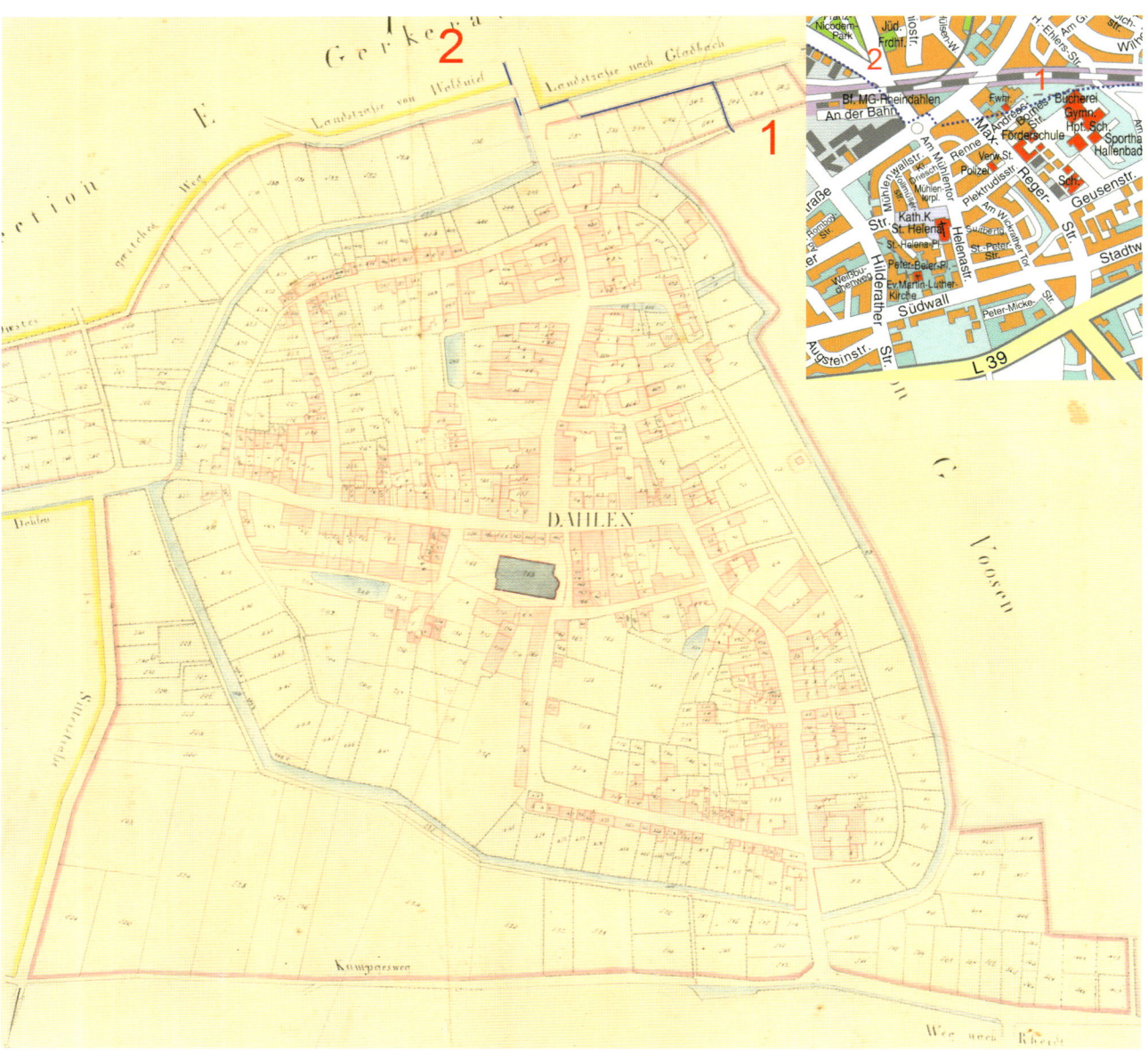

Der Knippertzbach durchfloss Broich parallel zur Broicher Straße. Kurz vor der Kreuzung der Broicher Straße mit der B 57 tritt der heute kanalisierte Knippertzbach an die Erdoberfläche und fließt parallel zur Broicher Straße Richtung Peel.

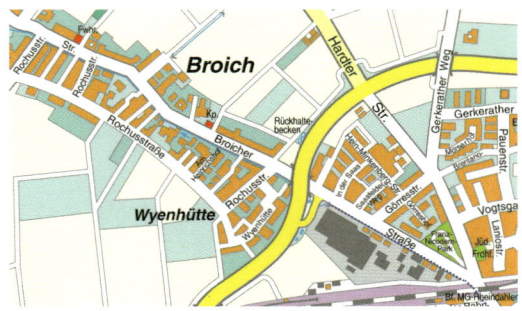

Im Weiteren fließt der Knippertzbach zwischen Peel und Genhodder weiter in nordwestliche Richtung.

Hinter Peel wendet sich der Knippertzbach Richtung Westen,

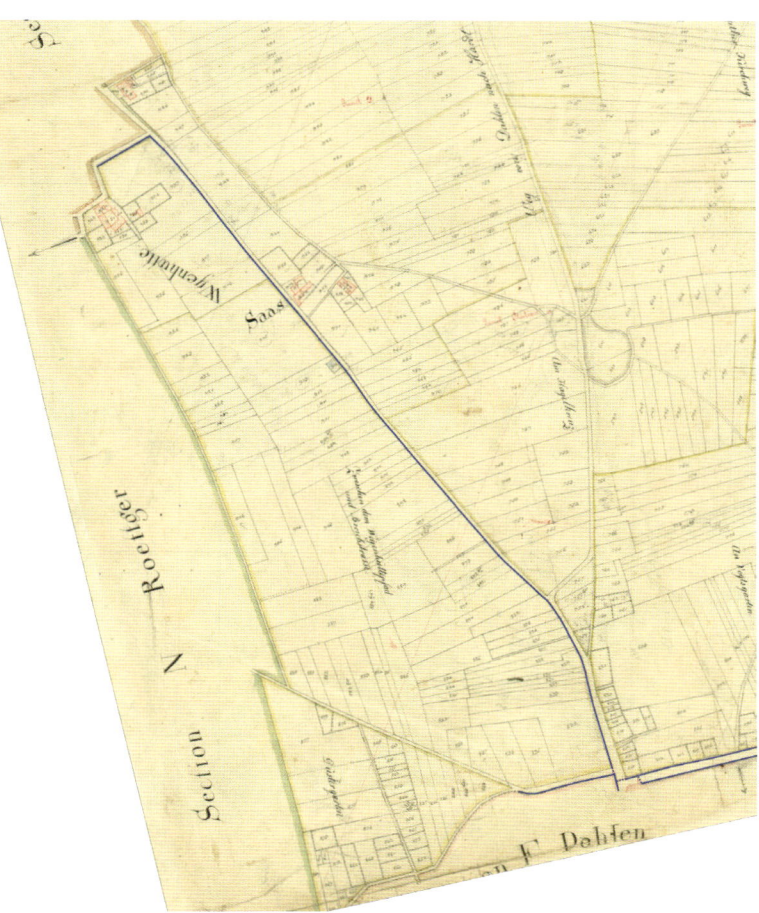

fließt entlang der Südgrenze des ehemaligen Nato-Hauptquartiers und gelangt nach Eichhof, wo früher auch eine Wassermühle stand.

Abb. 286: Der Knippertzbach fließt parallel zur Broicher Straße. Amtliche Stadtkarte Mönchengladbach, 2015.

Abb. 287: Der Knippertzbach in Broich. Urkataster von 1820.

Abb. 288: Der Knippertzbach auf Höhe der Broicher Straße, 2015.

Abb. 289: Der Knippertzbach zwischen Peel und Genhodder. Urkataster von 1820.

Abb. 290: Der Knippertzbach zwischen Peel und Genhodder. Amtliche Stadtkarte Mönchengladbach, 2015.

Abb. 291: Der Knippertzbach zwischen Peel und Eichhof. Urkataster von 1820.

Abb. 292: Der Knippertzbach zwischen Peel und Eichhof. Amtliche Stadtkarte Mönchengladbach, 2015.

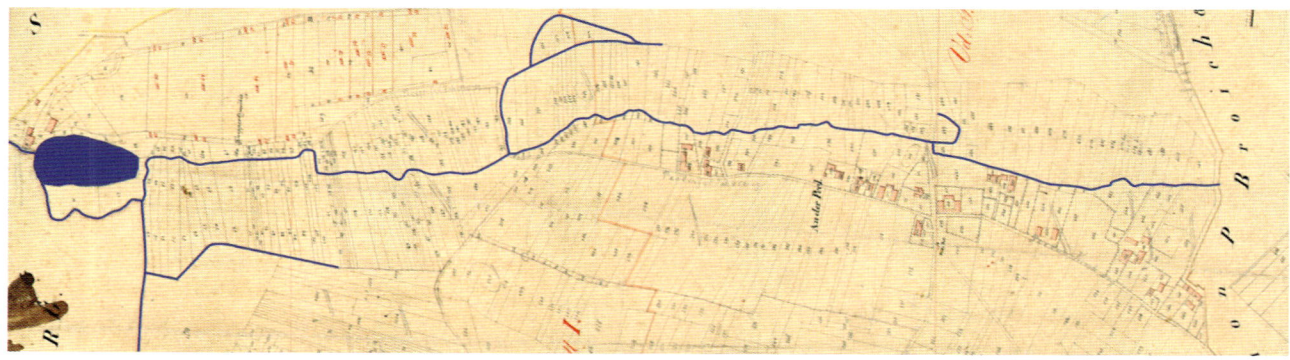

Abb. 293: Der Knippertzbach in Peel, 2015.

Südlich vom Eichhof stand am rechten Ufer die bereits 1223 urkundlich erwähnte **Knippertzmühle**[198]. Sie wurde unterschlächtig angetrieben und diente als Mahl- und Ölmühle. Die Knippertzmühle lief bis zum Ende des 19. Jahrhunderts, dann wurde der Betrieb eingestellt. Dem letzten Müller – Johann Heinrich Knippertz – verdanken die Mühle und auch der Knippertzbach ihre Namen. Nach der Einstellung des Mühlenbetriebs wurde die Knippertzmühle an einen Herrn Fongeren aus Peel verkauft. Zuletzt wurde neben der Mühle eine Flachsschwingerei betrieben. Doch auch dieser Betrieb wurde 1920 eingestellt. Das mittlerweile vom Verfall bedrohte Mühlengebäude, dessen Mauern feucht waren und auf Grund hygienischer Bedenken nicht mehr bewohnt werden konnte, wurde 1920 von der Stadt Rheindahlen gekauft und 1922 abgerissen[199]. Der Mühlenweiher der Knippertzmühle ist heute noch erhalten.

Hinter der Knippertzmühle floss der **Knippertzbach** in einem Bogen Richtung Norden, nahm den Hellbach auf und übertrat die Stadtgrenze zu Wegberg. An diesem Verlauf hat sich bis heute nicht viel geändert. Der Knippertzbach mündet bei Schwaam in die Schwalm.

Der **Hellbach** entsprang nördlich des ehemaligen Nato-Hauptquartiers, floss in südwestliche Richtung und mündete kurz vor der Stadtgrenze zu Wegberg in den Knippertzbach.

Der Verlauf des Hellbachs hat sich im Laufe der Zeit nicht wesentlich geändert. Heute beginnt er wie schon 1820 nörd-

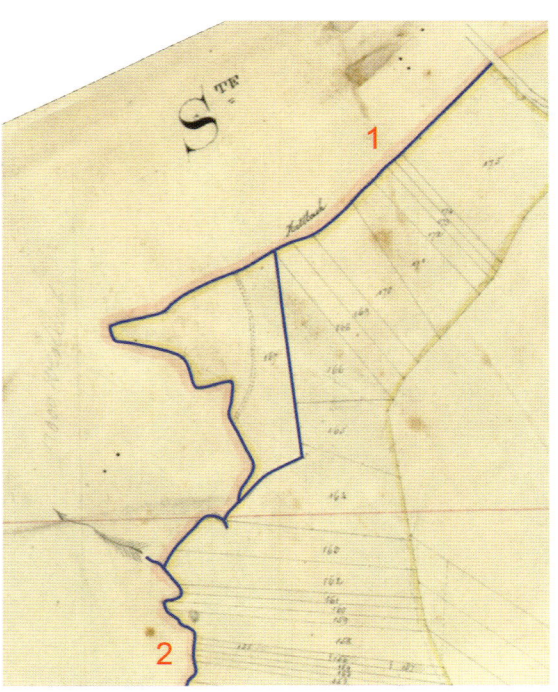

Abb. 294: Der Knippertzbach (1) und der Hellbach (2) an der Grenze zu Wegberg. Urkataster von 1820.

Abb. 295: Auf Höhe des ehemaligen Nato-Hauptquartiers übertritt der Knippertzbach die Stadtgrenze zu Wegberg. Amtliche Stadtkarte Mönchengladbach, 2015.

Abb. 296: Der Hellbach (1) mündet in den Knippertzbach (2). Urkataster von 1820.

198 Vogt, Mühlen, S. 436.
199 Jungbluth, Elsner, S. 81.

lich des ehemaligen Nato-Hauptquartiers, zusätzlich erhält er Wasser über einen Zulauf aus Leloh. An der Stadtgrenze zu Wegberg mündet er in den Knippertzbach.

Abb. 297: Der Hellbach (1) mündet kurz vor der Stadtgrenze zu Wegberg in den Knippertzbach (2). Amtliche Stadtkarte Mönchengladbach, 2015.

Abbildungsverzeichnis

Stadtarchiv Mönchengladbach: Titelbild, 14, 31, 44, 61–63, 67, 71, 73, 107, 119, 123, 128, 146, 147, 160, 166, 200–202, 213–215, 217, 220, 223, 227, 233, 235

Fachbereich Geoinformationen und Grundstücksmanagement der Stadt Mönchengladbach: 4, 5, 9, 10, 12, 13, 15–20, 22–30, 32–35, 38, 39, 42, 43, 45, 46, 48, 49, 52, 53, 55–57, 60, 64, 65, 68, 69, 72, 74, 77–79, 81–83, 85, 86, 89, 90, 94–97, 99–102, 105, 106, 109, 111–118, 120–122, 124–126, 129, 130, 133, 134, 136–140, 142, 143, 148, 150–152, 154, 155, 157–159, 161–165, 167–171, 173–199, 203, 205–207, 210, 212, 218, 219, 222, 224–226, 228–231, 234, 236–250, 254–258, 260–265, 267, 268, 270–287, 289–292, 294–297, Gewässerübersichtskarte

Vermessungs- und Katasteramt des Kreises Heinsberg: 88, 92

Robert Lünendonk: 1–3, 6–8, 11, 21, 36, 37, 40, 41, 47, 50, 51, 54, 58, 59, 66, 70, 75, 76, 80, 84, 87, 91, 93, 98, 103, 104, 108, 110, 127, 131, 132, 135, 141, 144, 145, 149, 153, 156, 172, 204, 208, 209, 211, 216, 221, 232, 251–253, 259, 266, 269, 288, 293

Gewässerübersichtskarte

Mönchengladbach

Gewässer

1	Ahlsbruchbach	41	Köhm
2	Alsbach	42	Krappebongards Soth
3	Bach aus Unterpesch	43	Laakbach
4	Beckrather Fließ	44	Labberbach
5	Beller Bach	45	Langmaar
6	Betterfluith	46	Lockgraben
7	Bottbach	47	Lohrgraben
8	Brandenberger Bach	48	Mortersmühlenbach
9	Buchholzer Wassersoth	49	Mühlenbach
10	Bungtbach	50	Niers
11	Dahlener Bach	51	Nordkanal
12	Dahlener Landwehrgraben	52	Obere Flöth
13	Dellergraben	53	Östliche Soth
14	Entwässerungskanal Uedding	54	Papierbach
15	Farbbach	55	Pferdsgraben
16	Fliethbach	56	Pilatusrinne
17	Fluitbach	57	Rheydter Bach
18	Flutgraben	58	Rheydter Grenzbach
19	Gärtensoth	59	Rohrfeldgraben
20	Gladbach	60	Rote Bach
21	Gladbachische Kall	61	Schauenburggraben
22	Graben durch nasse Land	62	Schwarzbach (Volksgarten)
23	Gräben in Geneicken	63	Schwarzer Graben (Neuwerk)
24	Gracht	64	Schwarzer Graben (Rheydt)
25	Greit	65	Siep
26	Güdderather Bach	66	Sittardgraben
27	Hamgraben	67	Struckssoth
28	Hellbach	68	Suat
29	Heydener Bach	69	Trietbach
30	Hochneukircher Fließ	70	Untere Flöth
31	Hommelsbach	71	Venrather Fließ
32	Hoppbruchgraben	72	Voosener Bach
33	Hörsterbach	73	Waater Soth
34	Hover Graben	74	Wallgraben
35	Juikbach	75	Wetscheweller Graben
36	Kämpges Soth	76	Woofersoot
37	Karotte		
38	Kinkelbach		
39	Knippertzbach		
40	Kofergraben		

Mühlen

M1	Bellermühle
M2	Birkmannsmühle
M3	Bottbachmühle
M4	Broichmühle
M5	Burgmühle
M6	Compesmühle
M7	Eickelnberger Mühle
M8	Eickesmühle
M9	Engelsmühle
M10	Flieschermühle
M11	Gatzweiler Vollmühle
M12	Geistenbecker Papiermühle
M13	Gierthmühle
M14	Güdderather Mühle
M15	Heldsmühle
M16	Kappelsmühle
M17	Klippertzmühle
M18	Knippertzmühle
M19	Krallsmühle
M20	Mortersmühle
M21	Myllendonker Schlossmühle
M22	Nonnenmühle
M23	Oberste Mühle
M24	Pixmühle
M25	Pletschmühle
M26	Rheydter Schlossmühle
M27	Rohrmühle
M28	Schwalmer Mühle
M29	Steinsmühle
M30	Untere Mühle
M31	Wetscheweller Mühle
M32	Wickrathberger Mühle
M33	Wickrather Mühle
M34	Wickrather Papiermühle
M35	Wilderather Mühle
M36	Zoppenbroicher Mühle

Literaturverzeichnis

Bell, Gladbach	Bell, Wilhelm: Damals im alten Gladbach, 2. Auflage, Mönchengladbach, 1987.
Bremer, Millendonk	Bremer, Jakob: Die Reichsunmittelbare Herrschaft Millendonk, Mönchengladbach, 1939.
Duden	www.duden.de, 23. September 2015.
Dümmler, Rheydt	Dümmler, Heinrich: Rheydt und Umgebung, Rheydt, 1909.
Erckens, Marienplatz	Erckens, Günter: Der Marienplatz und seine Umgebung (Beiträge zur Geschichte der Stadt Mönchengladbach; 8), Mönchengladbach, 1975.
Erckens, Rheydt	Erckens, Günter: Rheydt – so wie es war, Düsseldorf, 1978.
Frankewitz, Rheydter Jahrbuch 29	
	Frankewitz, Stefan: Rheydter Jahrbuch für Geschichte, Kunst und Heimatkunde, Heft 29, Der Niederrhein und seine Burgen, Schlösser, Herrenhäuser an der Niers, Herausgeber: Otto von Bylandt-Gesellschaft, Mönchengladbach, 2011.
Husmann, Trippel	Husmann, Joseph, und Theodor Trippel: Geschichte der ehemaligen Herrlichkeit bezw. Reichsgrafschaft und der Pfarre Wickrath, Teil 1, bis 1491, Wickrath, 1909.
Jungbluth, Elsner	Jungbluth, Horst, und Helmut Elsner: Die Schwalm – Tal der Mühlen, Mühlengeschichten der Schwalm und ihrer Nebenbäche, Schwalmtal, 1989.
Klinge, Bäche	Klinge, J.: Verschwundene Bäche und Weiher in M. Gladbach, in: Die Heimat, Zeitschrift für niederrheinische Heimatpflege, Jahrgang 20 (1941), Heft 3, Seite 161–164.
Klompen, Säkularisation	Klompen, Wilma: Die Säkularisation im Arrondissement Krefeld 1794–1814, Schriftenreihe des Landkreises Kempen-Krefeld, herausgegeben vom Oberkreisdirektor, Kempen, 1962.
Köhren-Jansen, Wickrath	Köhren-Jansen, Helmtrud: Die Rückkehr des Rheinischen Pferdestammbuches nach Schloss Wickrath, in: Schloss und Park Wickrath, Arbeitsheft der rheinischen Denkmalpflege 65, S. 158–164, Herausgeber: Landschaftsverband Rheinland, Worms, 2005.
Köster, Alsbroich	Köster, Franz: Das Alsbroich, in: Festschrift zum 80jährigen Bestehen des Kleingärtnerverein Alsbroich e.V., Eicken, 2002.
Kreuzberg, Pesch	Kreuzberg, Heinz: Unser Pesch. Eine Reise in die Vergangenheit, Mönchengladbach, 2000.
Kuhlen, Wickrath	Kuhlen, Wilhelm: Streifzüge durch die Geschichte der Herrschaft Wickrath, Herausgeber: Heimat- und Verkehrsverein Wickrath e.V., Mönchengladbach, 1988.
Lünendonk, Gladbach	Lünendonk, Robert: Auf den Spuren des Gladbachs und seiner Mühlen (Beiträge zur Geschichte der Stadt Mönchengladbach; 49), Mönchengladbach, 2008.
Lünendonk, Niers	Lünendonk, Robert: Die Niers und ihre Mühlen – von der Quelle bis Neuwerk (Beiträge zur Geschichte der Stadt Mönchengladbach; 53), Mönchengladbach, 2012.
Mackes, Börde	Mackes, Karl L.: Erkelenzer Börde und Niersquellgebiet, Schriftenreihe der Stadt Erkelenz, Nr. 6, Herausgeber: Stadt Erkelenz, Mönchengladbach, 1985.
Mackes, Neuwerk II	Mackes, Karl L.: Aus dem alten Neuwerk, Heft II, 2. Auflage, Mönchengladbach, 1982.

Mennen, Gripekoven I	Mennen, Toni: Die mittelalterliche Burg Gripekoven und die Herrschaft Dahlen. Der gescheiterte Versuch, eine niederrheinische Herrschaft zu errichten. Teil 1: Die Wickrath-Hochstaden-Are und das Kirchspiel Dalen. Rheindahlen, 1990.
Mennen, Gripekoven II	Mennen, Toni: Die mittelalterliche Burg Gripekoven und die Herrschaft Dahlen. Der gescheiterte Versuch, eine niederrheinische Herrschaft zu errichten. Teil 2: Die Burg des Gerhard von Engelsdorf und ihre Geschichte. Rheindahlen, 1993.
Neuwerk, Klosterkirche	www.klosterkirche-neuwerk.de, 23. September 2015.
NEW	www.new.de, 23. September 2015.
Niers 2000	Stadtarchiv Mönchengladbach und Arbeitskreis niederrheinischer Kommunalarchivare (Herausgeber): 2000 Jahre Niers, Schrift- und Bilddokumente (Beiträge zur Geschichte der Stadt Mönchengladbach; 12), Kleve, 1979.
Niersverband, 75 Jahre	Niersverband (Herausgeber): 75 Jahre Niersverband, Viersen, 2002.
Nolden, Heimat	Nolden, Hans, u.a.: Unsere Heimat, Ein Buch aus alter Zeit, Schriftenreihe des Heimat- und Geschichtsvereins Mönchengladbach e.V., M. Gladbach, 1989 (Nachdruck von 1926).
Nordkanal, Fietsallee	Fietsallee am Nordkanal, Flyer zur Euroga, 2002.
Odenkirchen, Heimatverein	www.odenkirchen.de, 23. September 2015.
Odenkirchen, Schriftenreihe	Odenkirchen gestern und heute, Beiträge zur Geschichte Odenkirchens, Nr. 14, Odenkirchen, 2011.
Ortmann, Gladbach	Ortmann, Wilhelm: Erinnerungen eines nicht mehr jungen M. Gladbachers, in: Gladbacher Zeitung, M. Gladbach, 18. Mai 1889.
Pongs, Stadtbefestigung	Pongs, Rüdiger: Die Gladbacher Stadtbefestigung (Beiträge zur Geschichte der Stadt Mönchengladbach; 54), Mönchengladbach, 2014.
Pungs, Heimatverein	Pungs, Manfred, www.heimatverein-pongs.de, 23. September 2015.
Rheinisches Wörterbuch	Josef Müller u.a. (Herausgeber): Rheinisches Wörterbuch, Bonn und Berlin, 1928–1971.
Rixen, Odenkirchen	Rixen, Franz: Odenkirchen, Laurentiusbote, Odenkirchen, 1949–1967.
RP-Online 24.November 2009	Eis und schnelle Räder, in: RP-Online vom 24. November 2009, 23. September 2015.
RP-Online 15. August 2013	Eine Straße für den Unternehmer Peter Krall, in: RP-Online vom 15. August 2013, 23. September 2015.
Scheller, Nordkanal	Scheller, Hans: Der Nordkanal zwischen Neuss und Venlo, Neuss, 1980.
Schumacher, Wickrath	Schumacher, Karl-Heinz: Schloss Wickrath, Anmerkungen zu einer niederrheinischen Sanierungsgeschichte, in: Schloss und Park Wickrath, Arbeitsheft der rheinischen Denkmalpflege 65, Herausgeber: Landschaftsverband Rheinland, Worms, 2005.
Sommer, Mühlen	Sommer, Susanne: Mühlen am Niederrhein, Köln, 1991.
Strauß, Chronik I	Strauß, Wilhelm: Rheydter Chronik, Geschichte der Herrschaft und Stadt Rheydt, Heft I, Rheydt, 1897.

Strauß, Chronik II Strauß, Wilhelm: Rheydter Chronik, Geschichte der Herrschaft und Stadt Rheydt, Heft II, Rheydt, 1897.

Thelen, Gewässer Thelen, Jos.: Was unsere Heimat an Gewässern einbüßte, in: Niederrheinischer Heimatfreund, Blätter für Geschichte, Kultur und Natur zwischen Rhein und Maas, dritter Jahrgang, Nr. 3, März 1927, Rheydt, 1927.

Verwaltungsbericht RY 1926

  Bericht über die Verwaltung und den Stand der Gemeinde-Angelegenheiten der Stadt Rheydt für das Kalenderjahr 1926.

Vogt, Mühlen Vogt, Hans: Niederrheinischer Wassermühlenführer, Krefeld, 1998.

Wilms, Wöstemeyer Wilms, Birgit, und Wöstemeyer, Heinz-Gerd: Im grünen Land der Niers, von der Quelle bis zur Mündung, Duisburg, 2005.

Stichwortverzeichnis

Beiträge zur Geschichte der Stadt Mönchengladbach

Begründet von Wolfgang Löhr, fortgeführt von Christian Wolfsberger

30. SOLLBACH-PAPELER, MARGRIT: Mönchengladbach 1945. – 3. Aufl. 1993 (vergriffen)

31. ESCHENBRÜCHER, RALF: Der Stillebenmaler Johann Wilhelm Preyer (1803-1889). – 1992 (vergriffen)

32. Erinnerte Geschichte. Frauen aus Mönchengladbach schreiben über die Kriegs- und Nachkriegszeit 1940-1950. – 1993 (vergriffen)

33. Die Pfarrgemeinde St. Josef, Mönchengladbach, und ihre Entstehung vor dem Hintergrund der Industrialisierung im 19. Jahrhundert. – 1994 (vergriffen)

34. BECKERS, HANS GEORG: Karl Joseph Lelotte. Ein Pfarrer in einer Zeit des politischen und sozialen Umbruchs. Gottesdienst in Gladbach von 1864 bis 1892. – 1995 (vergriffen)

35. SESSINGHAUS-REISCH, DORIS: Ein Leben in sozialer Verantwortung: Josef und Hilde Wilberz-Stiftung. – 1998 (vergriffen)

36. SCHRÖTELER-VON BRANDT, HILDEGARD: Rheinischer Städtebau. Die Stadtbaupläne im Regierungsbezirk Düsseldorf in der ersten Hälfte des 19. Jahrhunderts. Das Fallbeispiel Mönchengladbach 1836 bis 1863. – 1998 (vergriffen)

37. Jüdisches Leben in Mönchengladbach gestern und heute. – 1998

38. 25 Jahre neue Stadt Mönchengladbach. – 1999 (vergriffen)

39. BECKERS, HANS GEORG: Das Gladbacher Münster im 20. Jahrhundert. – 1999 (vergriffen)

40. NOHN, CHRISTOPH: Bruder sein ist mehr. Das Bruderschafts- und Schützenwesen im Gladbacher Land vom Mittelalter bis zur Neuzeit. – 2000 (vergriffen)

41. KRUMME, EKKEHARD: Denkmäler der Hoffnung. Der evangelische Friedhof in Odenkirchen. – 2000 (vergriffen)

42. MAIBURG, BARBARA: Kante und Planke. Künstlergruppen in Mönchengladbach. – 2000 (vergriffen)

43. SESSINGHAUS-REISCH, DORIS: Leben und Werk des Mönchengladbacher Schriftstellers Gottfried Kapp. – 2001 (vergriffen)

44. HABRICH, HEINZ: Kirchen und Synagogen. Denkmäler aus der Zeit von 1850 bis 1916 in Mönchengladbach. – 2002 (vergriffen)

45. WALDECKER, CHRISTOPH: „Es ist ein groß Ergetzen…" Ein Jahrhundert Stadtbibliotheken in Mönchengladbach. – 2004

46. HOSTER, HANS: Das Hauptquartier in Mönchengladbach. Der unbekannte Stadtteil „JHQ". – 2004 (vergriffen)

47. HABRICH, HEINZ, UND KLAUS HOFFMANN: Wegekapellen in Mönchengladbach. – 2005 (vergriffen)

48. HOLTSCHOPPEN, NATALIE ALEXANDRA: St. Vitus zu Gladbach, 2 Bände. – 2008 (vergriffen)

49. LÜNENDONK, ROBERT: Auf den Spuren des Gladbachs und seiner Mühlen. – 2008 (vergriffen)

50. HIEP, SUSAN: Mönchengladbacher Frauenstraßennamen und ihre Geschichte. – 2010 (vergriffen)

51. NOHN, CHRISTOPH: Auftakt zur Gladbacher Geschichte. Die Gründungsgeschichte der Abtei Gladbach und das politische Spannungsfeld Lotharingiens im 9. und 10. Jahrhundert. – 2. Aufl. 2012

52. SCHÜTTER, SILKE, UND CHRISTIAN WOLFSBERGER: Marie Bernays: Auslese und Anpassung der Arbeiterschaft der geschlossenen Großindustrie dargestellt an den Verhältnissen der Gladbacher Spinnerei und Weberei AG zu München-Gladbach im Rheinland. – 2012

53. LÜNENDONK, ROBERT: Die Niers und ihre Mühlen von der Quelle bis Neuwerk. – 2012 (vergriffen)

54. PONGS, RÜDIGER: Die Gladbacher Stadtbefestigung. Die Verteidigungsanlagen in Gladbach vom befestigten Münsterberg bis zur Fortifikation des Dreißigjährigen Krieges. – 2014